JN295468

私大・国立大　薬学部　数学

薬学部の数学

でる順＝解（と）くナビ！

開拓社

医系専門予備校メディカルラボ
早稲田予備校 数学科講師
松井伸容

はじめに

　医学部をはじめとして，医系学部の受験生の人気は右肩上がりで，難化の傾向が高まってきています。医学部に次いで人気が高いのは薬学部です。2006年以降の「薬剤師養成課程の6年制化」によって2010年ごろまで倍率低下，または横ばいの傾向でしたが，2011年以降は倍率もアップし，その人気は衰えることなく，志願者倍率はかなりの高さです。そこで，全国の国立大学及び私立大学薬学部で過去に出題された問題を分析したところ，出題傾向は顕著で，「頻出問題」が掴みやすいということがわかりました。

　本書では，薬学部受験生を合格へとバックアップするために，「短期間で傾向をつかみ」，「効率よく」，「直前チェック」ができるように，

第Ⅰ章　直前チェック＆短期間完成
　　　　　『でる順に攻める！ 32題』
　　　　　よく出る！ここで傾向をつかむ！
　　　　　数学Ⅱ・数学B　基本問題と練習問題　編

第Ⅱ章　さらにパワーアップ！
　　　　　『でる順に攻める！プラス17題』
　　　　　よく出る！これで対策をとる！
　　　　　数学Ⅱ・数学B　演習問題　編

第Ⅲ章　これで完璧！全範囲を制覇
　　　　　『でる順に攻める！フルカバー14題』
　　　　　そこそこ出るけど見逃せない！
　　　　　融合問題と数学Ⅰ・数学A　基本問題と練習問題　編

第Ⅳ章　ここがでる！国立大学薬学部の数学
　　　　　『ここがでる！数学Ⅲ 7題』　実戦問題　編
　　　　　合格がぐーんと近づく、頻出問題の解き方

と4章構成になっています。

　第Ⅰ・Ⅱ・Ⅲ章は，**私大薬学部の対策編**，第Ⅳ章は**国立大薬学部の対策編**です。第Ⅰ・Ⅱ・Ⅲ章は出題率メーターと頻出度ランキングで「どこがでる！」のか一目でわかるようになっています。しかも，「でる順」に並んでいるので，かなり効率よく短期間で傾向がつかめます。

　第Ⅰ章は「基本問題と練習問題」で，松井先生とカナさんの一対一の対応でかなり詳しく丁寧に解き方が示されています。

　第Ⅱ章は，第Ⅰ章の発展編として「演習問題」となっています。自分で解いてみて対策をとりましょう！ここでは，松井先生のピンポイント解答・解説となっています。

　第Ⅲ章は，「よくでる」ほどではありませんが，見逃せない「融合問題」と「数学Ⅰ・A」の傾向がわかる問題と松井先生のピンポイント解答解説となっています。基本問題と練習問題でアタックして対策をとりましょう！これでフルカバーできます。

　第Ⅳ章は，国立大学（私立大学は一部のみ）に出題される数学Ⅲをテーマにしています。数学Ⅲの出題分野（ここでは複素数と複素数平面は除く）がほぼ同じで，設問も類似しているため，「ここが出る！」実戦問題が集約されています！「こういう傾向なんだ！」ということがわかります。そして，松井先生とカナさんが対話しながら，「かなり丁寧」に「解き方」を説明しています。

　第Ⅰ章と第Ⅳ章では，松井先生とカナさんが，一対一の個別指導感覚で進めているので，自分が個別指導を受けていて，「ここが聞きたい！」ところをピンポイントで指導してもらっている感覚になると思います。

　最後に，本書を手にしてくれた方に感謝いたします。本書は，薬学部を目指す受験生のために書き下ろした「薬学部の数学」の対策本です。本書を利用して，薬学部合格することを切に願っています。

松井伸容

本書を読む前に

　本書は，第Ⅰ章と第Ⅳ章では下記の二人の対話で進めていき，第Ⅱ章と第Ⅲ章では，松井先生のピンポイント解説になっています。

　では，松井先生とカナさんの簡単な紹介をしておきます。

登場人物

松井先生：数学科講師　松井伸容（まついのぶひろ）

現在は，大学理学部数理物理学科教員，予備校講師，学参作家，プランナー，プロデューサーまでマルチに活躍する，アグレッシブな数学科講師。

著書は，

　「私大医学部の数学 一問一答100」（開拓社）

　「G‐MARCHの数学」（開拓社）

　「大学入試 読解数学」（エール出版社）

　「コンパクト数学」（エール出版社）

　「早慶（SFC）上智の数学」（開拓社）

などがあります。

カナさん：高校3年生の受験生。勉強ばかりでなく部活動，学校行事も積極的に参加する女子高生。薬学部は高校入学当時から目標としている。

それでは，薬学部の入試動向と出題傾向をつかんでおきましょう。松井先生，カナさんよろしくお願いいたします。

Mats: みなさん，はじめまして。数学科講師の松井伸容です。薬学部を志望するみなさん，お待たせいたしました。

Kana: みなさん，はじめまして。カナと申します。薬学部を目指す私にとっても朗報です。待ってました！っていう感じです。頑張っていきます！

Mats: カナさん，いいですね！「焦らず，急がず，丁寧に」闘っていきましょう！ここから，なかなか長丁場ですよ。入試問題70題にアタックしていきますから。

Kana: はい…。なんかワクワクしてきました。

Mats: では，最初に薬学部の入試動向について理解しておきましょう。ただ問題をガッツリやるばかりでなく，入試動向も大切ですよ。

Kana: はい。入試倍率とか，難易度とか，薬学部の入試動向を知っておきたいです。

Mats: では，早速はじめましょう。

CONTENTS

はじめに ……………………………………………………… *002*
本書を読む前に ……………………………………………… *004*
CONTENTS …………………………………………………… *006*
薬学部の入試動向 …………………………………………… *011*
薬学部の数学の出題傾向 …………………………………… *012*
私大薬学部の傾向 …………………………………………… *013*
国立大薬学部の傾向 ………………………………………… *016*

私大薬学部の対策編＝数学 I / II / A / B / 融合問題

第I章　でる順に攻める！[直前チェック＆短期間完成] 32題 … *017*

1	数学II	指数・対数関数	基本問題	武庫川女子大学薬学部 …	*018*
2	数学II	指数・対数関数	基本問題	武庫川女子大学薬学部 …	*020*
3	数学II	指数・対数関数	基本問題	武庫川女子大学薬学部 …	*022*
4	数学II	指数・対数関数	練習問題	東京理科大学薬学部 ……	*023*
5	数学II	常用対数	基本問題	慶應義塾大学薬学部 ……	*027*
6	数学II	常用対数	練習問題	東京薬科大学薬学部 ……	*029*
7	数学II	三角関数	基本問題	東京薬科大学薬学部 ……	*031*
8	数学II	三角関数と図形	練習問題①	日本大学薬学部 …………	*033*
9	数学II	三角関数の最大・最少	練習問題②	慶應義塾大学薬学部 ……	*035*
10	数学II	面積	基本問題①	北海道薬科大学薬学部 …	*037*
11	数学II	面積	練習問題②	東京薬科大学薬学部 ……	*039*
12	数学II	定積分で表された関数	基本問題②	城西大学薬学部 …………	*043*
13	数学II	定積分で表された関数	練習問題②	昭和薬科大学薬学部 ……	*045*
14	数学II	微分係数，導関数	基本問題	星薬科大学薬学部 ………	*047*

⑮	数学Ⅱ	微分法の方程式への応用	練習問題	神戸薬科大学薬学部 ……	**049**
⑯	数学Ⅱ	点・直線	基本問題	東京薬科大学薬学部 ……	**051**
⑰	数学Ⅱ	円と直線	練習問題①	神戸学院大学薬学部 ……	**052**
⑱	数学Ⅱ	不等式と領域	練習問題②	日本大学薬学部 …………	**056**
⑲	数学Ⅱ	高次方程式	基本問題	慶應義塾大学薬学部 ……	**058**
⑳	数学Ⅱ	高次方程式	練習問題	星薬科大学薬学部 ………	**060**
㉑	数学B	漸化式	基本問題①	大阪薬科大学薬学部 ……	**062**
㉒	数学B	漸化式	基本問題②	福岡大学薬学部 …………	**064**
㉓	数学B	漸化式	練習問題	京都薬科大学薬学部 ……	**066**
㉔	数学B	空間ベクトルと図形	基本問題	東京薬科大学薬学部 ……	**070**
㉕	数学B	空間ベクトルと図形	練習問題	東邦大学薬学部 …………	**074**
㉖	数学B	空間ベクトルと内積	基本問題	明治薬科大学薬学部 ……	**078**
㉗	数学B	空間ベクトルと内積	練習問題	名城大学薬学部 …………	**080**
㉘	数学B	平面ベクトルと図形	基本問題	神戸薬科大学薬学部 ……	**082**
㉙	数学B	平面ベクトルと内積	基本問題	星薬科大学薬学部 ………	**084**
㉚	数学B	平面ベクトルと内積	練習問題	東京薬科大学薬学部 ……	**086**
㉛	数学B	数列の和	基本問題	神戸薬科大学薬学部 ……	**089**
㉜	数学B	群数列	練習問題	神戸薬科大学薬学部 ……	**091**

CONTENTS

第Ⅱ章　でる順に攻める！[さらにパワーアップ] 17題 ………… 093

①	数学Ⅱ	指数・対数関数	演習問題	新潟薬科大学薬学部 …… **094**
②	数学Ⅱ	常用対数	演習問題	神戸学院大学薬学部 …… **096**
③	数学Ⅱ	三角関数	演習問題①	帝京大学薬学部 ………… **098**
④	数学Ⅱ	三角関数の最大・最小	練習問題②	東京薬科大学薬学部 …… **100**
⑤	数学Ⅱ	面積	演習問題①	武庫川女子大学薬学部 … **102**
⑥	数学Ⅱ	定積分で表された関数	演習問題②	福岡大学薬学部 ………… **104**
⑦	数学Ⅱ	放物線と直線，面積	演習問題③	慶應義塾大学薬学部 …… **105**
⑧	数学Ⅱ	微分法の方程式への応用	演習問題	明治薬科大学薬学部 …… **107**
⑨	数学Ⅱ	円の方程式	演習問題①	昭和薬科大学薬学部 …… **108**
⑩	数学Ⅱ	不等式と領域	演習問題②	近畿大学薬学部 ………… **110**
⑪	数学Ⅱ	高次方程式	演習問題	新潟薬科大学薬学部 …… **112**
⑫	数学B	漸化式	演習問題	明治薬科大学薬学部 …… **114**
⑬	数学B	空間ベクトルと図形	演習問題	慶應義塾大学薬学部 …… **117**
⑭	数学B	空間ベクトルと内積	演習問題	大阪薬科大学薬学部 …… **120**
⑮	数学B	平面ベクトルと図形	演習問題	崇城大学薬学部 ………… **122**
⑯	数学B	平面ベクトルと内積	演習問題	城西大学薬学部 ………… **124**
⑰	数学B	群数列	演習問題	広島国際大学薬学部 …… **126**

第Ⅲ章　でる順に攻める！［これで完璧！全範囲を制覇］14題 … *129*

①	融合問題	不等式と領域	練習例題①	星薬科大学薬学部 ………	*130*
②	融合問題	三角関数と図形	練習問題②	慶應義塾大学薬学部 ……	*133*
③	融合問題	確率の計算，数列の応用	練習問題③	慶應義塾大学薬学部 ……	*135*
④	融合問題	2次関数の応用，曲線	練習問題④	城西大学薬学部 …………	*137*
⑤	融合問題	確率の計算，漸化式	練習問題⑤	東京薬科大学薬学部 ……	*139*
⑥	融合問題	軌跡と方程式，面積	練習問題⑥	大阪薬科大学薬学部 ……	*141*
⑦	数学Ⅰ	2次関数の最大・最小	基本問題	新潟薬科大学薬学部 ……	*143*
⑧	数学Ⅰ	ガウス記号と関数	練習問題	明治薬科大学薬学部 ……	*144*
⑨	数学Ⅰ	三角比の平面図形への応用	基本問題	神戸薬科大学薬学部 ……	*146*
⑩	数学Ⅰ	三角比の平面図形への応用	練習問題	帝京大学薬学部 …………	*148*
⑪	数学A	場合の数	基本問題	城西大学薬学部 …………	*150*
⑫	数学A	順列，組合せ，確率の計算	練習問題	武庫川女子大学薬学部 …	*152*
⑬	数学A	期待値	基本問題	神戸薬科大学薬学部 ……	*155*
⑭	数学A	二項定理	練習問題	名城大学薬学部 …………	*157*

CONTENTS

国立大薬学部の対策編＝数学Ⅲ

第Ⅳ章　ここがでる！［頻出問題の解き方］7題 ……………………… *159*

①	数学Ⅲ	分数関数，漸化式と極限	実戦問題①	北海道大学薬学部 ………	*160*
②	数学Ⅲ	定積分で表された関数	実戦問題②	東北大学薬学部 …………	*164*
③	数学Ⅲ	空間ベクトルと図形，体積，三角関数の最大・最小	実戦問題③	筑波大学医療科学群 ……	*167*
④	数学Ⅲ	接線，面積	実戦問題④	千葉大学薬学部 …………	*170*
⑤	数学Ⅲ	曲線の接線，面積	実戦問題⑤	岡山大学薬学部 …………	*173*
⑥	数学Ⅲ	微分法の不等式への応用，区分求積法，数列の極限	実戦問題⑥	広島大学薬学部 …………	*176*
⑦	数学Ⅲ	関数の増減・凹凸，逆関数，数列の極限	実戦問題⑦	九州大学薬学部 …………	*179*

薬学部の入試動向

Mats: 文部科学省「平成24年度学校基本調書」によると，薬学部は医・歯学部と比較すると志願者数・入学者数は私大の比率が非常に高く，入学者共に約9割を占めています。

Kana: 国立の薬学部は私大に比べると非常に少ないので志望校を選ぶのにも大変です。しかも国立大学を志望するには試験科目が大きく影響します。

Mats: それは，ひょっとして国立大学の2次試験に課せられる「数学Ⅲ」かな？

Kana: そうです。私立大学は数学Ⅰ・Ⅱ・A・Bまでがほとんどです。数学Ⅲはちょっと負担です。

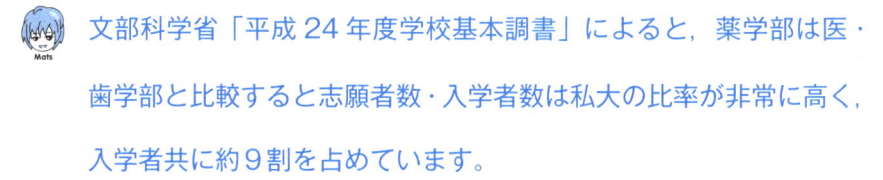

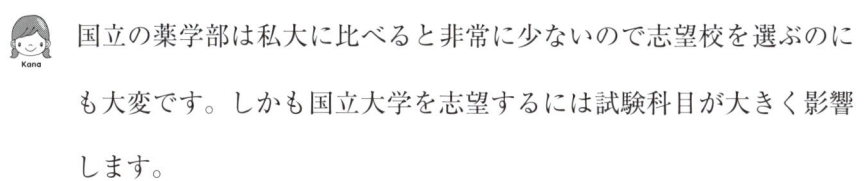

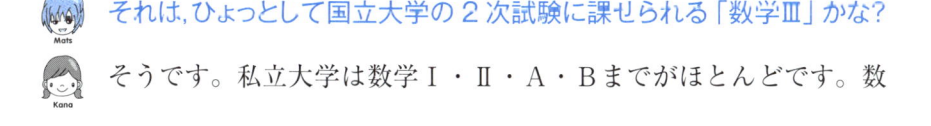

Mats: そうですか。それが入学者の中の現役の比率は79.3%ということが物語っていますね。しかし，数学Ⅲが試験科目にないから，私立大学は競争倍率が高くなるのですね。高得点必至の入試ですね。

Kana: そうです。私と同じ現役生の闘いです。負けていられません。

Mats: カナさんライバルはもっと多いですよ。女子の比率は57.1%と医系の中でも，薬学部はその高さは際立っていますね。

Kana: いずれにせよ，ライバルが多く，難関だけど，私は絶対薬学部に行きたいです。

Mats: わかりました。では，次に薬学部の数学の出題傾向についてみてみましょう！

Kana: ここからですね。

薬学部の数学の出題傾向

Mats: 出題傾向は私大と国立大で大きく異なるため，

　　第Ⅰ章から第Ⅲ章を私大薬学部の対策

　　第Ⅳ章を国立大薬学部の対策

の4章構成で攻めていきます。

Kana: 国立大と私大ではかなり違うのですか？確かに，国立大は数学Ⅲまで使うので…。

Mats: そうですね。国立大の数学は数学Ⅲがメインで，出題分野がほぼ同じで，設問まで類似しているため，類似問題を集約して対策をたてることができますよ。特に私大の場合は，出題率と頻出度で「ここがよくでる！」ところが数値でも明らかですよ。

Kana: よくでるところがわかるのですか？知りたいっ！知りたいです！

Mats: では，出題率を次にデータ化したので，円グラフを見ながら出題傾向を分析しよう！

Kana: はい，了解しました！

私大薬学部の傾向

Mats: まずは私大薬学部の科目別出題割合を見てみましょう。

Kana: わぁ，数学Ⅱがダントツですね。全体の半分上ですね。

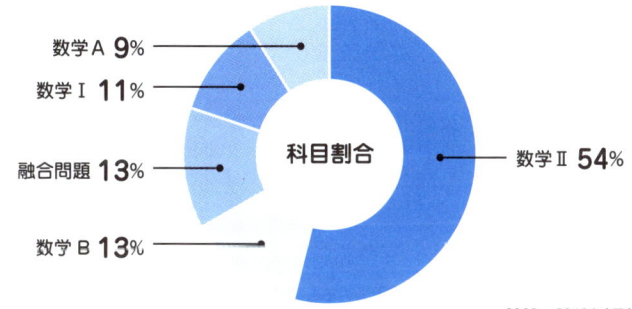

科目割合
- 数学Ⅱ 54%
- 数学B 13%
- 融合問題 13%
- 数学Ⅰ 11%
- 数学A 9%

2009〜2013年全国大学入試問題参照

Mats: そうですね。これは本当にわかりやすいですよ。では，この数学Ⅱの中でも特にどの項目が多いか，さらにグラフを見てみましょう。

Kana: わぁ，これもびっくり！「指数・対数関数がトップですね。そうか，有効桁数の考え方とか…，化学に関係する数学の内容ですね。

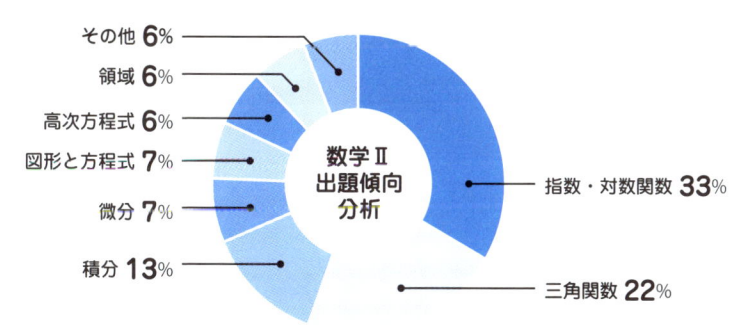

数学Ⅱ 出題傾向分析
- 指数・対数関数 33%
- 三角関数 22%
- 積分 13%
- 微分 7%
- 図形と方程式 7%
- 高次方程式 6%
- 領域 6%
- その他 6%

2009〜2013年全国大学入試問題参照

Mats: カナさん，なかなか鋭い考察ですね。これこそ「薬学部の数学」ですね。だから数学Ⅱをしっかり固めておきたいですね。

私大薬学部の傾向

Kana: 指数・対数関数の次に三角関数，積分，微分，図形と方程式…となっています。どんな問題が出ているのか知っておきたいです。

Mats: そうですね。「でる順」にランキングにしてあるので，ぜひ参考にしてください。そして，これに次いで出ているのが「数学B」と「融合問題」が同率です。

Kana: 数学Bは「ベクトル」と「数列」ですよね。どちらのほうが，出題率が高いのですか？

Mats: 空間のベクトルと図形と漸化式が同率です。ただベクトルの出題率は数学Bの中で60%近くと比重が高いことがわかります。

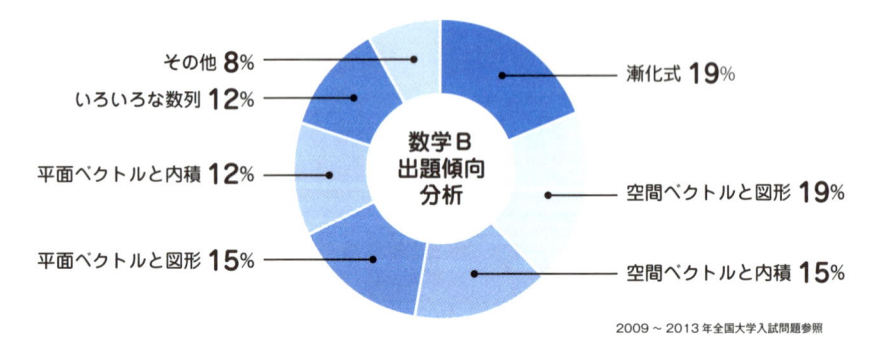

数学B 出題傾向分析

- 漸化式 19%
- 空間ベクトルと図形 19%
- 空間ベクトルと内積 15%
- 平面ベクトルと図形 15%
- 平面ベクトルと内積 12%
- いろいろな数列 12%
- その他 8%

2009〜2013年全国大学入試問題参照

Kana: ベクトルですか…。ちょっと，苦手意識があります。

Mats: カナさん，是非，今回の対策でクリアにしましょう！

Kana: 頑張ります…。松井先生風に言うと「闘います！」

Mats: カナさん，実はグラフからわかるように，次に出題率が高いのが「空間ベクトルと内積」，「平面ベクトルと図形」そして「平面のベクト

ルと内積」と「いろいろな数列」が同率で続きます。

Kana: やっぱりベクトルですね…。たっ，闘います！どうしても薬学部に受かりたいので，克服します！

Mats: その通りです。でも，漸化式もおろそかにしないように。ベクトルと同率ですから。

Kana: あっ…。漸化式ですか…。ベクトルほどではありませんが…。

Mats: でもこの数学Bは苦手な人は少なくありませんよ。この機会に絶対にマスターしましょう！

Kana: 闘います！絶対に，克服します！

Mats: いいぞ！カナさん！ゴー，ゴーだね！その他は，グラフを参考にしてください。

本書では，「でる順」に問題が並べられています。各問題には**出題率メーター**と**頻出度ランキング**を表記してありますので一目瞭然です。

国立大薬学部の傾向

Mats: 次に国立大学の出題傾向についてみてみましょう。国立大学の薬学部は全国的に見ても少ないです。先ほどもいいましたが受験科目の数学に「数学Ⅲ」が含まれているため，数学Ⅰ・A・Ⅱ・Bとはちょっと重みが違いますね。

Kana: そうです。国立大の薬学部は少なく，しかも数学Ⅲの影響で国立大を断念する人も私の周りでも少なくありません。

Mats: しかし，数学Ⅲは下表のとおり出題範囲がかなり限られますよ。

数学Ⅲ出題傾向分析	
関　数	分数関数
極　限	数列の極限，漸化式と極限，極限の応用
微　分	曲線の接線，関数の増減・凹凸， 微分法の方程式・不等式への応用
積　分	定積分で表された関数，定積分と区分求積法， 面積，体積

Kana: ということは，かなり絞り込めるということですか？

Mats: そうですね。数学Ⅲを中心に出題されているので出題傾向は非常によく似ています。これは傾向対策問題をみながら追ってみていきましょう！

私大薬学部の対策編
数学Ⅰ/Ⅱ/A/B/融合問題

第Ⅰ章

でる順に攻める！
[直前チェック]
[＆短期間完成]

第Ⅰ章

でる順に攻める！
［直前チェック＆短期間完成］

問題 1 でる順に攻める！

数学　Ⅰ　Ⅱ　A　B　融合問題

過去5カ年出題率　No.1

基本問題　　　指数・対数関数

(1) $\left(\dfrac{1}{2}\right)^n$（ただし，$n$ は自然数）の値が，小数第1位から小数第9位まですべて0で小数第10位に初めて0でない数が現れるとき，取り得る自然数 n の値の範囲は ア イ $\leq n \leq$ ウ エ である．ただし，$\log_{10}2=0.3010$ とする．

（武庫川女子大学薬学部）

＞常用対数を見抜く！

Mats: 問題文からズバリ！常用対数の問題ですね。ただし書きで「$\log_{10}2$」とすでに常用対数の利用が示されていますね。

Kana: 私もそれは読み取りました。

次に「小数第1位から小数第9位まですべて0で

　　　小数第10位に初めて0でない数が現れるとき」

だから，具体的に考えれば

　$0.00000000012345 = 1.2345 \times 10^{-10}$

これを10のべき乗で表すと

　$10^{-10} < 1.2345 \times 10^{-10} < 10^{-9}$

と表すことができます．

Mats: カナさん，上手にはさみうちましたね。この後は，各辺の常用対数をとって考えていきます。では，$\left(\dfrac{1}{2}\right)^n$ について考えてみましょう。

Kana: はい，わかりました。$\left(\dfrac{1}{2}\right)^n$ の値は，小数第1位から小数第9位まで

すべて 0 で小数第 10 位に初めて 0 でない数が現れるから

$$10^{-10} \leq \left(\frac{1}{2}\right)^n < 10^{-9}$$

さらに，各辺の常用対数をとると，

$$\log_{10} 10^{-10} \leq \log_{10}\left(\frac{1}{2}\right)^n < \log_{10} 10^{-9}$$

$$\iff -10 \leq -n \log_{10} 2 < -9$$

$$\iff \frac{10}{\log_{10} 2} > n > \frac{9}{\log_{10} 2}$$

$$\iff \frac{10}{0.301} > n > \frac{9}{0.301}$$

$$\iff 29.9\cdots < n < 33.2\cdots$$

> $\log_a M^n = n \log_a M$
> ただし，$a \neq 1$，$a > 0$，$M > 0$

n は自然数だから　$n = 30, 31, 32, 33$

だから答えは $\boxed{ア}\boxed{イ} = 30$，$\boxed{ウ}\boxed{エ} = 33$

🧑 カナさん，正解です．常用対数の考え方をおさらいしときましょう．

常用対数　底が 10 であるような対数 $\log_{10} x$ を常用対数という．

$\log_{10} x = a + b$（a：整数，$0 \leq b < 1$）と表し，a を指標，b を仮数という．

① 　x の整数部分が n 桁 $\iff 10^{n-1} \leq x < 10^n$

　　$\iff n - 1 \leq \log_{10} x < n \iff \log_{10} x$ の指標が $n-1$

② 　x は小数第 m 位にはじめて 0 でない数が現れる

　　$\iff 10^{-m} \leq x < 10^{-(m-1)} \iff -m \leq \log_{10} x < -(m-1)$

　　$\iff \log_{10} x$ の指標が $-m$

第 I 章 でる順に攻める！[直前チェック＆短期間完成]

問題 2 でる順に攻める！

数学 I II A B 融合問題　過去5カ年出題率　No.1

基本問題　　指数・対数関数

ここに注目！

(2) 関数 $f(x) = -4^x + 3 \times 2^{x+1} - 8$ において $t = 2^x$ とおくとき，$f(x) = 0$ を満たす t は ［オ］ と ［カ］（ただし，［オ］＜［カ］）である．また，$0 \leq x \leq 3$ における関数 $f(x)$ が最大値，最小値をとる x の値はそれぞれ $x = \log_2$ ［キ］，$x =$ ［ク］ であり，そのときの関数 $f(x)$ の最大値，最小値はそれぞれ ［ケ］［コ］，［サ］［シ］［ス］ である．

（武庫川女子大学薬学部）

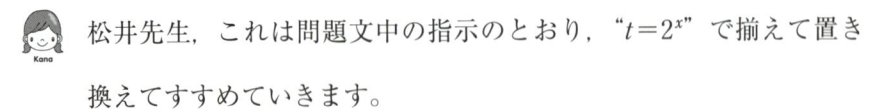

Kana: 松井先生，これは問題文中の指示のとおり，"$t = 2^x$" で揃えて置き換えてすすめていきます．

Mats: その通りです．ここで気を付けるのが，$2^x > 0$ だから，"$t > 0$" であることを忘れないように．

Kana: わかりました．では式を変形してみます．

$$f(x) = -4^x + 3 \times 2^{x+1} - 8$$
$$= -(2^x)^2 + 6(2^x) - 8$$
$$= -t^2 + 6t - 8$$

$(a^M)^N = (a^N)^M$
$a^{M+N} = a^M \cdot a^N$
ただし，$a > 0$，$a \neq 1$

Mats: 式変形，きれいにできましたね．これでは t の 2 次の整式の完成ですね．カナさん，続けていきましょう！

Kana: はい，わかりました．設問は "$f(x) = 0$ を満たす t" だから，t の 2

次方程式と考えます。このとき，t と x が一対一で対応していることにも注意します。

$\quad -t^2+6t-8=0$

$\quad \Longleftrightarrow t^2-6t+8=0$

$\quad \Longleftrightarrow (t-2)(t-4)=0$

$\quad \Longleftrightarrow t=2=\boxed{オ}$，または $t=4=\boxed{カ}$

続けていくと，"$0≦x≦3$ における関数 $f(x)$ の最大値，最小値" だから

$\quad y=f(x)=-t^2+6t-8=-(t-3)^2+1$

> t と x は一対一の対応！

と考えて，定義域は "$2^x=t$" と置き換えるから

$\quad 0≦x≦3 \Longleftrightarrow 2^0≦2^x≦2^3$

$\quad \Longleftrightarrow 1≦t≦8$

> $t=2^x$ は単調増加

右のグラフから

$t=3$ のとき

$\quad 2^x=3 \Longleftrightarrow x=\log_2 3=\log_2 \boxed{キ}$

$\quad$ のとき，最大値 $1=\boxed{ケ}\boxed{コ}$

$t=8$ のとき

$\quad 2^x=8=2^3 \Longleftrightarrow x=3=\boxed{ク}$

$\quad$ のとき，最小値 $-(8-3)^2+1=-24=\boxed{サ}\boxed{シ}\boxed{ス}$

と解けました。

カナさん，パーフェクト！次もいってみよう！ゴーゴー!!

第 Ⅰ 章

問題 3 でる順に攻める！ No.1

数学 Ⅰ Ⅱ A B 融合問題

過去5カ年出題率

基本問題　指数・対数関数

底 → 真数

(3) 不等式 $\log_2(x^2-4x+3)<3$ を満たす実数 x の値の範囲は

$\boxed{セ}\boxed{ソ}<x<\boxed{タ}\boxed{チ}$ または $\boxed{ツ}\boxed{テ}<x<\boxed{ト}\boxed{ナ}$（ただし，$\boxed{タ}\boxed{チ}<\boxed{ツ}\boxed{テ}$）である．

（武庫川女子大学薬学部）

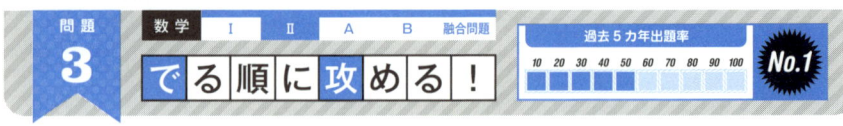

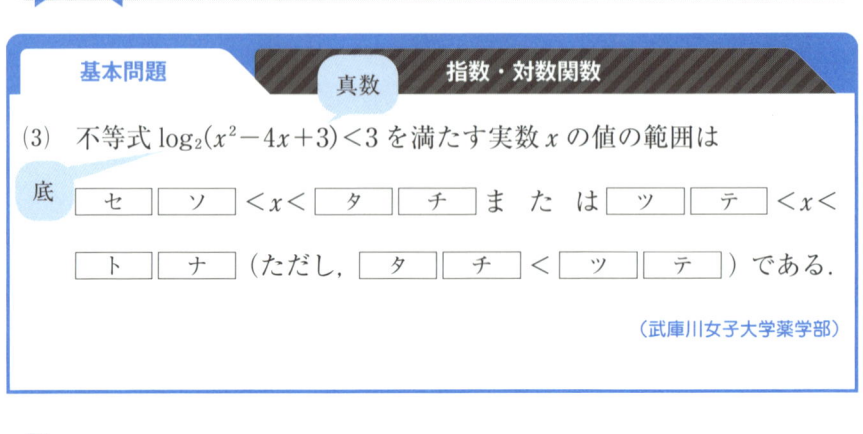

Mats: 対数不等式ですね。ズバリ！不等式を解く前にチェックしておくことは？

Kana: はい。まず，"底が1よりも大きいから $\log_2 x$ は単調増加"です。

次に，"真数 $x^2-4x+3>0$"です。

だから，$(x-1)(x-3)>0 \iff 1>x,\ x>3$ …①

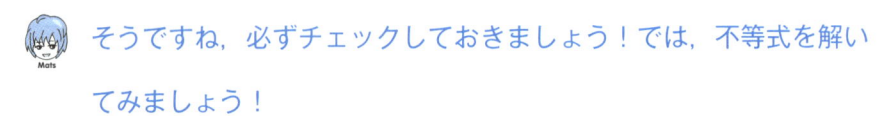

Mats: そうですね，必ずチェックしておきましょう！では，不等式を解いてみましょう！

Kana: 右辺の3を $3\log_2 2 = \log_2 2^3 = \log_2 8$ と考えて

$\log_2(x^2-4x+3)<3 \iff \log_2(x^2-4x+3)<\log_2 8$

$\iff x^2-4x+3<8 \iff x^2-4x-5<0 \iff (x+1)(x-5)<0$

$\iff -1<x<5$ …②

①と②を同時満たす範囲は，

$-1<x<1 \iff \boxed{セ}\boxed{ソ}<x<\boxed{タ}\boxed{チ}$

$3<x<5 \iff \boxed{ツ}\boxed{テ}<x<\boxed{ト}\boxed{ナ}$

問題 4 でる順に攻める！ 数学 I II A B 融合問題　No.1

練習問題　指数・対数関数

関数 $f(x)$, $g(x)$ をそれぞれ $f(x) = \log_3 x$, $g(x) = 3^x$ とする.

(1) (i) $f(a+1) = f(a) + 1$ を満たす a の値は $\dfrac{\boxed{ア}}{\boxed{イ}}$ である.

(ii) $f(2a) > 2f(a)$ を満たす a の値の範囲は $\boxed{ウ} < a < \boxed{エ}$ である.

(iii) $f(a^2) > \{f(a)\}^2$ を満たす a の値の範囲は $\boxed{オ} < a < \boxed{カ}$ である.

(2) (i) $g(b+1) = g(b) + 1$ を満たす b の値は $-f(\boxed{キ})$ となる.

(ii) $g(4b) < 4g(b)$ を満たす b の値の範囲は $b < \dfrac{\boxed{ク}}{\boxed{ケ}} f(2)$ となる.

(iii) $g(2b) \geqq kg(b) - k - 3$ がすべての実数 b に対して成り立つような実数 k の値の範囲は $-\boxed{コ} \leqq k \leqq \boxed{サ}$ である.

（東京理科大学薬学部）

この問題は，設問の指示に従って解いていきましょう！

では，(1)(i) からです。

$f(x) = \log_3 x$ $(x > 0)$ だから，$f(a+1) = f(a) + 1$ を満たす a の値は

$\log_3(a+1) = \log_3 a + 1$ $(a > 0)$　　　$\log_3 3$

$a+1 > 0$　　$\iff \log_3(a+1) = \log_3 3a \iff a+1 = 3a$

$a > 0$　　　$\iff a = \dfrac{1}{2} = \dfrac{\boxed{ア}}{\boxed{イ}}$

これは，条件の $a > 0$ を満たします。

🧑‍🏫 カナさん，正解です。次も行ってみよう！

👧 はい！続けていきます！

(ii) $f(2a) > 2f(a)$ を満たす a の値の範囲だから

$\log_3 2a > 2\log_3 a \quad (a > 0)$

$\iff \log_3 2a \;\textcircled{>}\; \log_3 a^2$

ここで，底が $1 < 3$ だから $\log_3 x$ は単調増加。

$2a \;\textcircled{>}\; a^2$ 　　符号の向きは変わらない！

$\iff a(a-2) < 0$

$\iff 0 < a < 2 \iff \boxed{\text{ウ}} < a < \boxed{\text{エ}}$

続けて，(iii)も解きます。

(iii) $f(a^2) > \{f(a)\}^2$ を満たす a の値の範囲は

$\log_3 a^2 > (\log_3 a)^2 \quad (a > 0)$

$\iff 2\log_3 a > (\log_3 a)^2$

$\iff \log_3 a(\log_3 a - 2) < 0$

$\iff 0 < \log_3 a < 2$

ここで，底が $1 < 3$ だから $\log_3 x$ は単調増加。

$\log_3 1 < \log_3 a < \log_3 3^2$

$\iff 1 < a < 9 \iff \boxed{\text{オ}} < a < \boxed{\text{カ}}$

🧑‍🏫 カナさん，対数関数はしっかりできていますね。指数関数もアタックしていきましょう！

👧 はい。松井先生の口癖の「焦らず，急がず，丁寧に」でいきます！

(2)は指数関数 $g(x)=3^x$ について考えます。

(ⅰ) $g(b+1)=g(b)+1$ を満たす b の値は

$$3^{b+1}=3^b+1 \iff 2\cdot 3^b=1 \iff 3^b=2^{-1}>0$$

各辺対数 $\log_3$ をとると

$$\log_3 3^b = \log_3 2^{-1} \iff b=-\log_3 2 = -f(2) = -f(\boxed{\text{キ}})$$

(ⅱ) $g(4b)<4g(b)$ を満たす b の値の範囲は

$$3^{4b}<4\cdot 3^b$$

$$\iff \frac{3^{4b}}{3^b}<4\frac{3^b}{3^b}$$

$$\iff 3^{3b}<4$$

$3^{3b}>0$ だから,各辺対数 $\log_3$ をとると

$$\log_3 3^{3b} < \log_3 4$$

$$\iff 3b < 2\log_3 2$$

$$\iff b < \frac{2}{3}\log_3 2 = \frac{2}{3}f(2) = \frac{\boxed{\text{ク}}}{\boxed{\text{ケ}}}f(2)$$

ここまで順調ですね。でも(ⅲ)からはちょっと問題の題意が異なるので気をつけよう!

はい,わかりました。まず $g(2b) \geqq kg(b)-k-3$ について考えます。

$$g(2b) \geqq kg(b)-k-3$$

$$\iff 3^{2b} \geqq k\cdot 3^b - k - 3$$

$$\iff (3^b)^2 - k\cdot 3^b + k + 3 \geqq 0 \quad \cdots ①$$

松井先生,ここからどのように考えたらいいのですか?教えてください。

そうですね。カナさんがキレイに式変形してくれたので，それを利用して解いていきましょう！

題意は「$g(2b) \geq kg(b) - k - 3$ がすべての実数 b に対して成り立つ」。
ここで，カナさんが解いてくれた不等式について，

> 指数関数

"$3^b = t$" とします。"すべての実数 b" だから，"$t > 0$ …②" となります。更に，①の左辺を t でおきかえ，左辺を "$g(t) =$" とすると，$g(t) = t^2 - kt + k + 3 \geq 0$ となります。つまり，題意を変更して「$t > 0$ に対して，2次関数 $g(t) \geq 0$ が成り立つ」と考えます。

> 題意変更

2次関数 $g(t) = \left(t - \dfrac{k}{2}\right)^2 - \dfrac{k^2 - 4k - 12}{4}$ だから軸の位置で場合分けして，題意を満たす条件をまとめると

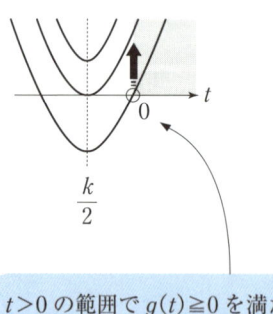

$\dfrac{k}{2} < 0 \iff k < 0$ のとき　　　$\dfrac{k}{2} \geq 0 \iff k \geq 0$ のとき

$t > 0$ の範囲で $g(t) \geq 0$ を満たす条件は $f(0) = k + 3 \geq 0$

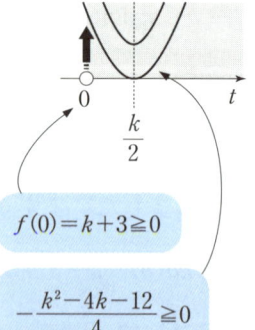

$-\dfrac{k^2 - 4k - 12}{4} \geq 0$

以上より，$-3 \leq k < 0$ …③　　　以上より，$0 \leq k \leq 6$ …④

③，④を同時に満たす範囲は

$$-3 \leq k \leq 6 \iff -\boxed{\text{コ}} \leq k \leq \boxed{\text{サ}}$$

問題 5 でる順に攻める！ No.1

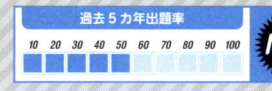

数学 I II A B 融合問題

基本問題 — 常用対数

12^{60} は ア イ 桁の整数である．また，その最高位の数字は ウ である．

ただし，$\log_{10}2=0.3010$, $\log_{10}3=0.4771$ とする．　　　　（慶應義塾大学薬学部）

Mats: 指数・対数関数でも一部出てきましたが，やはり常用対数です．頻出問題だからこそ絶対にマスターしよう！

Kana: はい，早速解いてみます．

$N=12^{60}$ とします．

両辺の常用対数をとると，

$\log_{10}N=\log_{10}12^{60}=60\log_{10}12=60\log_{10}(2^2\cdot 3)$

$\phantom{\log_{10}N}=60(2\log_{10}2+\log_{10}3)=60(2\times 0.3010+0.4771)$

$\phantom{\log_{10}N}=64.746$

$64<\log_{10}N<64+1 \iff 10^{64}<N<10^{65}$

よって，12^{60} は 65 桁 ＝ ア イ 桁の整数

Mats: カナさん，常用対数を利用した桁数の求め方はマスターしていますね．では，最高位の数字はどのようにして求めますか？

Kana: 12^{60} は 65 桁の整数だから $12^{60}=a\times 10^{64}$ と表すことができます．

ただし，a は整数部が一桁の実数

両辺の常用対数をとると $\log_{10}12^{60}=\log_{10}a+64$

$64.746 = \log_{10} a + 64 \iff \log_{10} a = 0.746$

ここで，

$$\log_{10} 5 = \log_{10} \frac{10}{2} = 1 - \log_{10} 2 = 1 - 0.3010 = 0.6990$$

$$\log_{10} 6 = \log_{10} 2 + \log_{10} 3 = 0.3010 + 0.4771 = 0.7781$$

だから $0.6990 < 0.746 < 0.7781 \iff \log_{10} 5 < \log_{10} a < \log_{10} 6$

底は 1 より大きいから

$5 < a < 6$

ここで，a は整数部が一桁の実数だから，最高位の数字は

$5 =$ ウ

カナさんの考え方わかりやすいですね。常用対数の計算結果をそのまま使って考える方法もありますよ。

$$\log_{10} 12^{60} = 64.746 \iff \log_{10} 12^{60} = \log_{10} 10^{64.746}$$

$$\iff 12^{60} = 10^{64.746} = 10^{64} \cdot 10^{0.746}$$

ここで，$\log_{10} 5 = \log_{10} \dfrac{10}{2} = 1 - \log_{10} 2 = 1 - 0.3010 = 0.6990$

$$\iff 5 = 10^{0.6990}$$

また，$\log_{10} 6 = \log_{10} 2 + \log_{10} 3 = 0.3010 + 0.4771 = 0.7781$

$$\iff 6 = 10^{0.7781}$$

ここで，$10^{0.6990} < 10^{0.746} < 10^{0.7781} \iff 5 < 10^{0.746} < 6$ だから

各辺に 10^{64} をかけると

$5 \times 10^{64} < 12^{60} < 6 \times 10^{64}$

よって，最高位の数字は $5 =$ ウ

問題6 でる順に攻める！ 数学 I II A B 融合問題

練習問題 — 常用対数

7^n が 30 桁の数であるならば，$n=$ □ア □イ である．ただし，$\log_{10} 7 = 0.845$ とする．そのとき，7^n の 1 の位の数は □ウ である．

（東京薬科大学・男子部）

Mats: さて，常用対数の締めくくりです．カノさん，よろしくお願いします．

Kana: はい。"7^n が 30 桁の数" だから

$$10^{29} \leq 7^n < 10^{30}$$

と表すことができます．各辺，常用対数をとって

$$\log_{10} 10^{29} < \log_{10} 7^n < \log_{10} 10^{30}$$

$$\iff 29 < n \log_{10} 7 < 30$$

$$\iff \frac{29}{\log_{10} 7} < n < \frac{30}{\log_{10} 7}$$

$$\iff \frac{29}{0.845} < n < \frac{30}{0.845}$$

$$\iff 34.3195\cdots < n < 35.5029\cdots$$

n は整数だから $n=35=$ □ア □イ

Mats: 桁数の考え方は大丈夫ですね．では，次はどのように考えますか？

Kana: "7^n の 1 の位の数" ですよね．私なら

周期性を見抜こう！

$7^1 = 7$, $7^2 = 49$, $7^3 = 343$, $7^4 = 2401$,

7^5 の 1 の位の数は 7^4 の 1 の位の数が 1 だから $1\times 7=7$．同じように考えれば 7^6 の 1 の位の数は 9，7^7 の 1 の位の数は 3，7^8 の 1 の位の数は 1 となる．

この周期性を整理すると，

7^n の 1 の位の数は $\begin{cases} 7 & (n\equiv 1 \pmod 4) \\ 9 & (n\equiv 2 \pmod 4) \\ 3 & (n\equiv 3 \pmod 4) \\ 1 & (n\equiv 0 \pmod 4) \end{cases}$

となるから，7^{35} の 1 の位の数は $35\equiv 3 \pmod 4$ だから $3=$ ウ．

カナさん，正解です．合同式を使ってスッキリまとめてくれましたね．

問題 7 でる順に攻める！ No.2

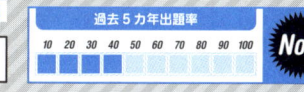

基本問題　　　　　**三角関数**

$180°<\theta<360°$ で，$\sin\theta+\cos\theta=\dfrac{\sqrt{7}}{4}$ のとき，$\sin\theta\cos\theta=\dfrac{\boxed{アイ}}{\boxed{ウエ}}$，$\sin\theta-\cos\theta=\dfrac{\boxed{オカ}}{\boxed{キク}}$，$\tan\theta-\dfrac{1}{\tan\theta}=\dfrac{\boxed{ケコ}\sqrt{\boxed{サ}}}{\boxed{シ}}$ である。

（東京薬科大学・男子部）

🧑 三角関数は指数・対数関数に次いでよく出る単元です。

$180°<\theta<360°$ から $-1\leq\sin\theta<0$，$-1<\cos\theta<1$

が読み取れますね。　　　**負の値**

👧 あっ，これは"和・積・べき乗"のセットですね。

🧑 カナさん，エラい！覚えていてくれましたね。

$$\begin{cases} \sin\theta+\cos\theta=\dfrac{\sqrt{7}}{4} \xrightarrow{\text{両辺を2乗}} 1+2\sin\theta\cos\theta=\dfrac{7}{16} \\ \sin\theta\cos\theta=\dfrac{\boxed{アイ}}{\boxed{ウエ}} \iff \sin\theta\cos\theta=-\dfrac{9}{32}=\dfrac{\boxed{アイ}}{\boxed{ウエ}} \\ \boxed{\sin^2\theta+\cos^2\theta=1} \end{cases}$$

CHECK！

この結果から，$0<\cos\theta<1$ であることがわかりますね。

👧 そうかぁ，これで $\sin\theta-\cos\theta<0$ ってわかるのですね。

$(\sin\theta-\cos\theta)^2=1-2\sin\theta\cos\theta=1+\dfrac{9}{16}=\dfrac{25}{16}$ だから

$$\sin\theta-\cos\theta=-\dfrac{5}{4}=\dfrac{\boxed{オカ}}{\boxed{キク}}$$

負の値のみ！

> 符号のチェックは必ずしておきましょう！符号ミスが後に大ダメージになる場合もありますので。カナさん，最後もトライしてください。

> はい，トライします！
> $$\tan\theta - \frac{1}{\tan\theta} = \frac{\sin\theta}{\cos\theta} - \frac{\cos\theta}{\sin\theta} = \frac{\sin^2\theta - \cos^2\theta}{\cos\theta\sin\theta} \quad \text{通分}$$
> $$= \frac{(\sin\theta+\cos\theta)(\sin\theta-\cos\theta)}{\sin\theta\cos\theta} = \frac{\frac{\sqrt{7}}{4}\cdot\left(-\frac{5}{4}\right)}{-\frac{9}{32}} = \frac{10\sqrt{7}}{9}$$
> $$= \frac{\boxed{ケコ}\sqrt{\boxed{サ}}}{\boxed{シ}}$$

> カナさん。正解です。ほんとスマートに解いてくださいました。$\sin\theta<0$，$0<\cos\theta$ をチェックしておけば，$\sin\theta-\cos\theta<0$ を見落とすことはないね。正答必須の問題だね。

問題 8 でる順に攻める！ 数学 I II A B 融合問題 No.2

練習問題① 三角関数と図形

点Oを中心とし，2点A，Bを直径の両端とする半径 $\frac{1}{2}$ の円を考える．Bと異なる円周上の点PとAを結ぶ2つの弧のうち，短い方の長さを x とする．

(1) $\sqrt{3}\,\text{AP}+\text{PB}$ を x を用いて表すと ア である．

(2) $\sqrt{3}\,\text{AP}+\text{PB}$ は，$x=$ イ のとき，最大値 ウ をとる．

（日本大学薬学部）

Mats: まず，最初に問題文を読解して，図を描きましょう！

Kana: "点Oを中心とし，2点A，Bを直径の両端とする半径 $\frac{1}{2}$ の円" を考えて "Bと異なる円周上の点PとAを結ぶ2つの弧のうち，短い方の長さを x" として図を描きました．

三角形ABPが直角三角形だから，∠AOP=2θ とすると，劣弧APの円周角より，∠ABP=θ $\left(0<\theta<\dfrac{\pi}{2}\right)$

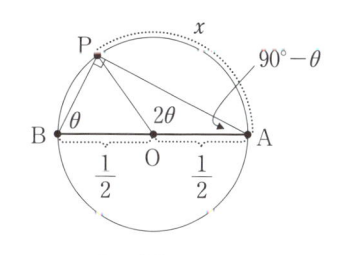

となります．また，劣弧APの扇形から $x=2\pi\cdot\dfrac{1}{2}\cdot\dfrac{2\theta}{2\pi} \Longleftrightarrow x=\theta$ と表すことができます．直角三角形APBから $\sin x=\dfrac{\text{AP}}{\text{AB}}=\dfrac{\text{AP}}{1}$

$\Longleftrightarrow \text{AP}=\sin x$，$\cos x=\dfrac{\text{BP}}{\text{AB}}=\dfrac{\text{BP}}{1} \Leftrightarrow \text{BP}=\cos x$

以上より，$\sqrt{3}\,\text{AP}+\text{PB}=\sqrt{3}\sin x+\cos x=$ ア となります．

この式は三角関数の合成を利用しても表せますね。

> **CHECK** $a \sin\theta + b \cos\theta = \sqrt{a^2+b^2}\sin(\theta+\alpha)$
>
> ただし，$\sin\alpha = \dfrac{b}{\sqrt{a^2+b^2}}$，$\cos\alpha = \dfrac{a}{\sqrt{a^2+b^2}}$

$\sqrt{3}\,\mathrm{AP} + \mathrm{PB} = \sqrt{3}\sin x + \cos x = 2\sin\left(x+\dfrac{\pi}{6}\right) = \boxed{\ \text{ア}\ }$

ただし，$\dfrac{\pi}{6} < x + \dfrac{\pi}{6} < \dfrac{\pi}{2} + \dfrac{\pi}{6}$

そうすれば，(2)の最大値が簡単に出せます。

$x + \dfrac{\pi}{6} = \dfrac{\pi}{2} \iff x = \dfrac{\pi}{3} = \boxed{\ \text{イ}\ }$ のとき，$\sin\left(x+\dfrac{\pi}{6}\right) = 1$ だから

$\max\left\{2\sin\left(x+\dfrac{\pi}{6}\right)\right\} = 2 = \boxed{\ \text{ウ}\ }$

となります。

コンパクトに解けましたね。正解です。

問題 9 でる順に攻める！ No.2

練習問題② 　三角関数の最大・最小

$0 \leq x \leq \pi$ の範囲で定義された 2 つの関数

(i) $f(x) = \sqrt{3} \sin x + 3 \cos x$

(ii) $g(x) = 3\sin^2 x + 6\sqrt{3} \sin x \cos x + 9 \cos^2 x - 2\sqrt{3} \sin x - 6 \cos x$

がある．このとき，

$f(x)$ がとりうる値の範囲は，$\boxed{アイ} \leq f(x) \leq \boxed{ウ}\sqrt{\boxed{エ}}$

$g(x)$ がとりうる値の範囲は，$\boxed{オカ} \leq g(x) \leq \boxed{キク}$

（慶應義塾大学薬学部）

(i) $f(x) = \sqrt{3} \sin x + 3 \cos x$ $(0 \leq x \leq \pi)$ から三角関数の合成は読み取れたかな？

CHECK $a \sin \theta + b \cos \theta = \sqrt{a^2+b^2} \sin(\theta + \alpha)$

ただし，$\sin \alpha = \dfrac{b}{\sqrt{a^2+b^2}}$, $\cos \alpha = \dfrac{a}{\sqrt{a^2+b^2}}$

あっ，これはさっきも出てきた問題ですね。合成すると，

$f(x) = \sqrt{3}(\sin x + \sqrt{3} \cos x) = 2\sqrt{3} \sin\left(x + \dfrac{\pi}{3}\right)$ $\left(\dfrac{\pi}{3} \leq x + \dfrac{\pi}{3} \leq \dfrac{4\pi}{3}\right)$

右の単位円より

$-\dfrac{\sqrt{3}}{2} \leq \sin\left(x + \dfrac{\pi}{3}\right) \leq 1$

辺々を $2\sqrt{3}$ 倍して

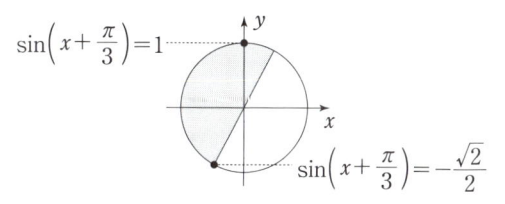

$\sin\left(x + \dfrac{\pi}{3}\right) = 1$

$\sin\left(x + \dfrac{\pi}{3}\right) = -\dfrac{\sqrt{2}}{2}$

$$-3 \leq f(x) \leq 2\sqrt{3} \iff \boxed{\text{アイ}} \leq f(x) \leq \boxed{\text{ウ}}\sqrt{\boxed{\text{エ}}}$$

> カナさん，その通りです．続けて(2)もアタックしていきましょう．$g(x)$ の式の中に $f(x)$ がいるので，そこを見抜くと一挙に解けるよ！

$g(x) = 3\sin^2 x + 6\sqrt{3}\sin x \cos x + 9\cos^2 x - 2\sqrt{3}\sin x - 6\cos x$ の中に $f(x)$ いるのですね．あっ，いました！

$$g(x) = (\sqrt{3}\sin x + 3\cos x)^2 - 2(\sqrt{3}\sin x + 3\cos x)$$

これを $f(x)$ を使って表すと，

$$g(x) = \{f(x)\}^2 - 2f(x) \quad (\text{ただし，} -3 \leq f(x) \leq 2\sqrt{3})$$

となるから，$g(x)$ を $f(x)$ の2次関数と考えると

$$g(x) = \{f(x) - 1\}^2 - 1$$

右のグラフのように考えると

$$-1 \leq g(x) \leq 15$$

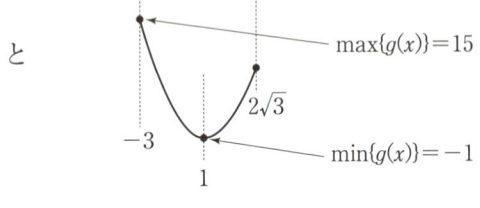

$$\iff \boxed{\text{オカ}} \leq g(x)$$

$$\leq \boxed{\text{キク}}$$

となります．

> カナさん，見抜きましたね！これぞ"読解数学"ですね．前設問の答えを踏襲して次の設問に利用する．入試問題の典型的なタイプですね．

問題 10 でる順に攻める！ 面積

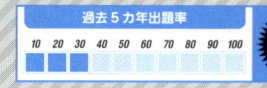

基本問題①

2つの放物線 $y=2x^2-7x+3$, $y=-x^2+x+6$ と直線 $x=-1$ で囲まれた2つの部分の面積の和は $\dfrac{\boxed{アイウ}}{\boxed{エオ}}$ である． （北海道薬科大学）

Mats: 具体的にグラフを描いてみよう！そのとき，必ず交点の x 座標も求めておきましょう！

Kana: はい。グラフの概形を考えてみます。

$$y=2x^2-7x+3=2\left(x-\frac{7}{4}\right)^2-\frac{25}{8} \quad \cdots ①$$

$$y=-x^2+x+6=-\left(x-\frac{1}{2}\right)^2+\frac{25}{4} \quad \cdots ②$$

交点の x 座標は $2x^2-7x+3=-x^2+x+6$

$\iff 3x^2-8x-3=0 \iff (3x+1)(x-3)=0 \iff x=-\dfrac{1}{3},\ x=3$

Mats: 2曲線で囲まれた部分の面積を S_1 と S_2 に分けて求めてみましょう！

Kana: はい。S_1 から求めていきます。

$$S_1=3\int_{-1}^{-\frac{1}{3}}\left(x+\frac{1}{3}\right)(x-3)dx$$

$$\iff \frac{S_1}{3}=\int_{-1}^{-\frac{1}{3}}\left(x+\frac{1}{3}\right)\left\{\left(x+\frac{1}{3}\right)-\frac{10}{3}\right\}dx$$

$$\iff \frac{S_1}{3}=\int_{-1}^{-\frac{1}{3}}\left(x+\frac{1}{3}\right)^2dx-\frac{10}{3}\int_{-1}^{-\frac{1}{3}}\left(x+\frac{1}{3}\right)dx$$

$$\frac{S_1}{3} = \frac{1}{3}\left[\left(x+\frac{1}{3}\right)^3\right]_{-1}^{-\frac{1}{3}} - \frac{10}{3} \cdot \frac{1}{2}\left[\left(x+\frac{1}{3}\right)^2\right]_{-1}^{-\frac{1}{3}}$$

$$= -\frac{1}{3}\left(-1+\frac{1}{3}\right)^3 + \frac{5}{3}\left(-1+\frac{1}{3}\right)^2 = \frac{68}{81}$$

$$\iff S_1 = \frac{68}{27}$$

面積 S_2 は公式を使って解いてコンパクトに解いてみよう！

2つの放物線で囲まれた部分の面積を求める公式

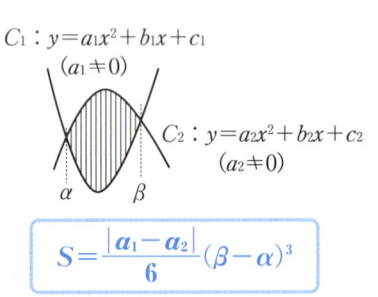

$C_1 : y = a_1x^2 + b_1x + c_1$
$(a_1 \neq 0)$

$C_2 : y = a_2x^2 + b_2x + c_2$
$(a_2 \neq 0)$

$$S = \frac{|a_1 - a_2|}{6}(\beta - \alpha)^3$$

そうかぁ，公式を使うとコンパクトに解けそう。やってみます。

$$S_2 = 3\int_{-\frac{1}{3}}^{3}\left(x+\frac{1}{3}\right)(x-3)dx = \frac{3}{6}\left(3+\frac{1}{3}\right)^3 = \frac{500}{27}$$

$$\iff S_2 = \frac{500}{27}$$

以上より，$S_1 + S_2 = \dfrac{68}{27} + \dfrac{500}{27} = \dfrac{568}{27} = \dfrac{\boxed{\text{アイウ}}}{\boxed{\text{エオ}}}$

問題 11 でる順に攻める！ 面積

練習問題②

a を正の実数とし，放物線 $C: y = x^2$ とその上の 2 点 $A(a, a^2)$, $B(-2a, 4a^2)$ について次の問いに答えよ。

(1) C と直線 AB で囲まれた部分の面積を S_1 とすると，$S_1 = \dfrac{\text{あ}}{\text{い}} a^3$ である。

(2) A, B における C の接線を順に l_A, l_B とすると，それらの方程式は
$l_A : y = \boxed{\text{う}} ax + \boxed{\text{え}} a^2$, $l_B : y = \boxed{\text{お}} ax + \boxed{\text{か}} a^2$
l_A と l_B の交点の Q 座標は $\left(\dfrac{\text{き}}{\text{く}} a, \boxed{\text{け}} a^2 \right)$ であり，C と l_A, l_B で囲まれた部分の面積を S_2 とすると，$S_2 = \dfrac{\text{こ}}{\text{さ}} a^3$ である。

(3) 点 P が C 上の A と B の間にある部分（A, B は含まない）を動くとき，三角形 ABP の面積が最大になるのは，P の x 座標が $\dfrac{\text{し}}{\text{す}} a$ のときで，その最大面積を S_3 とすれば，$\dfrac{S_2}{S_3} = \dfrac{\text{せ}}{\text{そ}}$ であり，比 $S_1 : S_2 : S_3$ は a によらず一定である。

（東京薬科大学・男子部）

> (1)は放物線と直線とで囲まれた部分の面積 S_1 と(2)放物線と 2 本の接線とで囲まれた部分の面積 S_2 は公式を使うとかなりコンパクトに解けるね。

ということは，$S_1 = \dfrac{\text{あ}}{\text{い}} a^3$ と $S_2 = \dfrac{\text{こ}}{\text{さ}} a^3$ が先に求めることができるのですね。

では次の公式を使って解いてみよう！

放物線と直線とで囲まれた部分の面積

$C : y = ax^2 + bx + c$ $(a \neq 0)$
$l : y = mx + n$

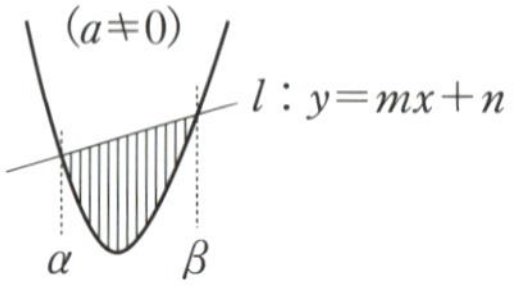

$$S = \dfrac{|a|}{6}(\beta - \alpha)^3$$

放物線と2接線で囲まれた部分の面積

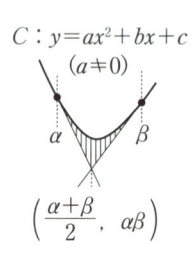

$C : y = ax^2 + bx + c$ $(a \neq 0)$

$\left(\dfrac{\alpha + \beta}{2},\ \alpha\beta \right)$

$$S = \dfrac{|a|}{12}(\beta - \alpha)^3$$

ということは，

$$S_1 = \dfrac{|1|}{6}\{a - (-2a)\}^3$$
$$= \dfrac{9}{2}a^3 = \dfrac{\text{あ}}{\text{い}} a^3$$

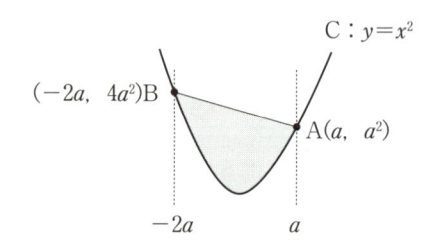

と…スッキリ答えが出ました。

$C : y = x^2$
$(-2a,\ 4a^2)$ B
$A(a,\ a^2)$
$-2a$ a

マーク式の解答方法だから，コンパクト解法で構いませんよ。(2)に進みましょう！

(2)は $\dfrac{\boxed{こ}}{\boxed{さ}}$ がいきなりでます…

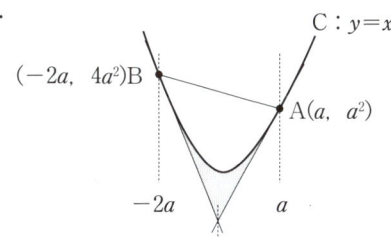

$$S_2 = \dfrac{|1|}{12}\{a-(-2a)\}^3$$

$$= \dfrac{9}{4}a^3 = \dfrac{\boxed{こ}}{\boxed{さ}}a^3$$

点 Q の座標も公式でスッキリ

$$\left(\dfrac{-2a+a}{2},\ -2a\cdot a\right) = Q\left(-\dfrac{a}{2},\ -2a^2\right)$$

$$= \left(\dfrac{\boxed{き}}{\boxed{く}}a,\ \boxed{け}\,a^2\right)$$

> $Q\left(\dfrac{-2a+a}{2},\ -2a\cdot a\right)$
> $= Q\left(-\dfrac{a}{2},\ -2a^2\right)$

最後に接線の方程式をお願いします。これも公式でコンパクトに！

> 曲線 $y=f(x)$ 上の点 $P(t,\ f(t))$ における接線の方程式
> $l : y-f(t)=f'(t)(x-t)$　　ただし，$f'(t)=0$ のとき，$y=f(t)$

$y=f(x)=x^2$ 上の点 $A(a,\ a^2)$ における接線の方程式

$l_A : y-a^2 = 2a(x-a) \iff y=2ax-a^2 = \boxed{う}\,ax+\boxed{え}\,a^2$

同様に考えると，点 $B(-2a,\ 4a^2)$ における接線の方程式

　　$l_B : y-4a^2 = -4a(x+2a)$

　　$\iff y=-4ax-4a^2 = \boxed{お}\,ax+\boxed{か}\,a^2$

(3) 三角形 ABP の面積が最大になるのは，底辺 AB と考えると頂点 P から下ろした垂線が高さとなるから，点 P における接線が直線 AB に平行となるときだから

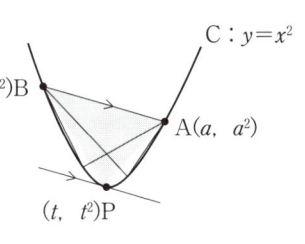

直線 AB の傾き $\dfrac{4a^2-a^2}{-2a-a}=-a$，点 P における接線の傾き $f'(t)=2t$

だから　$2t=-a \Longleftrightarrow t=-\dfrac{a}{2}=\dfrac{\boxed{し}}{\boxed{す}}a$

よって，点 $\mathrm{P}\left(-\dfrac{a}{2},\ \dfrac{a^2}{4}\right)$ となります。

ではあとは三角形 ABP の面積ですね。これも公式を使ってコンパクトに解こう！

> 三角形 ABP の面積　　$\overrightarrow{\mathrm{PA}}=(a_1,\ a_2)$，$\overrightarrow{\mathrm{PB}}=(b_1,\ b_2)$ とすると
> $$S=\dfrac{1}{2}|a_1b_2-a_2b_1|$$

松井先生が示してくれた公式を使うと，

$\overrightarrow{\mathrm{PA}}=\left(\dfrac{3}{2}a,\ \dfrac{3}{4}a^2\right)$，$\overrightarrow{\mathrm{PB}}=\left(-\dfrac{3}{2}a,\ \dfrac{15}{4}a^2\right)$ となるから

$S_3=\dfrac{1}{2}\left|\dfrac{3}{2}a\cdot\dfrac{15}{4}a^2-\dfrac{3}{4}a^2\cdot\left(-\dfrac{3}{2}a\right)\right|=\dfrac{27}{8}a^3$

だから，$\dfrac{S_2}{S_3}=\dfrac{\dfrac{9}{4}a^3}{\dfrac{27}{8}a^3}=\dfrac{2}{3}=\dfrac{\boxed{せ}}{\boxed{そ}}$

カナさん，公式を覚えておくと，かなりコンパクトに解けますね。しっかり覚えて『即時』『即解』『即答』を目指そう！

問題12 でる順に攻める！ 数学 I II A B 融合問題 No.3

基本問題② 定積分で表された関数

関数 $f(x)=3x^2+\boxed{}$ は, $f(x)=3x^2+\int_0^2 f(t)dt$ を満たす.

（城西大学薬学部）

Mats: $\int_0^2 f(t)dt$ が定数となるから,

定数 $C=\int_0^2 f(t)dt$ …①

として考えよう！

Kana: $f(x)=3x^2+C$ とすればいいのですね。

①に代入すると

$$C=\int_0^2 (3t^2+C)dt$$
$$=\Big[t^3+Ct\Big]_0^2$$
$$=8+2C$$

$\iff C=-8=\boxed{}$

Mats: 基本問題ですが，しっかり解法を考えて解けましたね。定積分で表された関数でも次のような場合は気をつけましょう！

類題

次の等式を満たす関数 $f(x)$ を求めよ.

$$f(x)=2x^2+1+\int_0^1 xf(t)dt$$

🧒 あっ，さっきみたいに $C=\int_0^1 xf(t)dt$ としておけばいいですか？

🧑 よく考えましょう！t で積分するから x は関係ないね。

🧒 $\int_0^1 xf(t)dt = x\int_0^1 f(t)dt$ として，$C=\int_0^1 f(t)dt$ とおくのが正解なのですね。

🧑 その通りです。気をつけましょう！計算は次のようになりますね。

$\int_0^1 xf(t)dt = x\int_0^1 f(t)dt$ として，$C=\int_0^1 f(t)dt$ …① とおくと

$f(x) = 2x^2 + Cx + 1$ となるから，①に代入して

$$C = \int_0^1 (2t^2 + Ct + 1)dt = \left[\frac{2}{3}t^3 + \frac{C}{2}t^2 + t\right]_0^1 = \frac{2}{3} + \frac{C}{2} + 1$$

$$\iff C = \frac{5}{3} + \frac{C}{2}$$

$$\iff C = \frac{10}{3}$$

以上より，$f(x) = 2x^2 + \dfrac{10}{3}x + 1$

問題 13 でる順に攻める！ No.3

練習問題② 定積分で表された関数

x の整式 $f(x)$ で $f'(x)^2 + \int_0^x f(t)dt = \dfrac{1}{12}x^2 + \dfrac{1}{16}$ …①，

$f(x) = -f(-x)$ …②を満たすとき，$f(x) = \boxed{\text{ア}}$ である．また，導き方を記しなさい $\boxed{\text{イ}}$ ．

（昭和薬科大学）

原点対称なグラフ

Mats: 問題文から"$f(x)$ は x の整式"で，②から"$f(x)$ は奇関数"ということからカナさんどのようなことが読み解けますか？

Kana: $f(x) = ax$, $f(x) = ax^3 + bx$, $f(x) = ax^5 + bx^3 + cx$, …と考えれます。

（i）$f(x) = ax$ のとき，

左辺 $= a^2 + \left[\dfrac{a}{2}t^2\right]_0^x = \dfrac{a}{2}x^2 + a^2$，右辺 $= \dfrac{1}{12}x^2 + \dfrac{1}{16}$

よって，$\dfrac{a}{2} = \dfrac{1}{12} \iff a = \dfrac{1}{6}$, $a^2 = \dfrac{1}{16} \iff a = \pm\dfrac{1}{4}$

同時に満たす a は存在しないから，不適。

（ii）$f(x) = ax^3 + bx$ のとき，

左辺 $= (3ax^2 + b)^2 + \left[\dfrac{a}{4}t^4 + \dfrac{b}{2}t^2\right]_0^x = \left(9a^2 + \dfrac{a}{4}\right)x^4 + \left(6ab + \dfrac{b}{2}\right)x^2 + b^2$

右辺 $= \dfrac{1}{12}x^2 + \dfrac{1}{16}$

よって，$9a^2 + \dfrac{a}{4} = 0$, $6ab + \dfrac{b}{2} = \dfrac{1}{12}$, $a^2 = \dfrac{1}{16}$

同時に満たすのは $a = -\dfrac{1}{36}$, $b = \dfrac{1}{4}$

よって，$f(x) = -\dfrac{1}{36}x^3 + \dfrac{1}{4}x = \boxed{\text{ア}}$

カナさん，整関数 $f(x)$ の最高次数項の考え方ですが，②から奇関数を読み解き，仮に $f(x)$ を最高次数項が 5 次以上とすると，左辺の最高次数項は 8 次以上になってしまい，題意を満たしませんね。だから最高次数項 3 次の奇関数 $f(x)=ax^3+bx$ $(a \neq 0)$ と考えてもいいですね。

問題 14 でる順に攻める！ No.4

基本問題 — 微分係数，導関数

$$\lim_{h\to 0}\frac{f(x+5h)-f(x-3h)}{h}=\boxed{}f'(x) \text{ である．}$$

（星薬科大学）

Mats: これは導関数の公式ですね。公式をチェックしておきましょう！

CHECK
$$f'(x)=\lim_{h\to 0}\frac{f(x+h)-f(x)}{h}=\lim_{h\to 0}\frac{f(x+5h)-f(x)}{5h}$$
$$=\lim_{h\to 0}\frac{f(x-3h)-f(x)}{-3h}$$

Kana: そうか，この公式から考えると，

$$f'(x)=\lim_{h\to 0}\frac{f(x+5h)-f(x)}{5h}=\lim_{h\to 0}\frac{f(x-3h)-f(x)}{-3h}$$

と考えるから，

$$\lim_{h\to 0}\frac{f(x+5h)-f(x-3h)}{h}$$

（$f(x)$ を調整）

$$=\lim_{h\to 0}\frac{f(x+5h)-f(x)+f(x)-f(x-3h)}{h}$$

$$=\lim_{h\to 0}\frac{f(x+5h)-f(x)}{h}+\lim_{h\to 0}\frac{f(x-3h)-f(x)}{-h}$$

$$=\lim_{h\to 0}\frac{f(x+5h)-f(x)}{5h}\times 5+\lim_{h\to 0}\frac{f(x-3h)-f(x)}{-3h}\times 3$$

$$=f'(x)\times 5+f'(x)\times 3$$

$$=8f'(x)$$

Mats: カナさん，クリアですね。これは導関数の定義を理解しておくことが大切ですね。さらに，微分係数の定義も理解しておきましょう！

第 Ⅰ 章

でる順に攻める！
［直前チェック＆短期間完成］

CHECK $f'(a) = \lim_{h \to 0} \dfrac{f(a+h) - f(a)}{h} = \lim_{x \to a} \dfrac{f(x) - f(a)}{x - a}$

類題で解法を理解しておきましょう！

類題 関数 $f(x)$ の $x=a$ における微分係数 $f'(a)$ が存在するとき，次の極限値を求め，a，$f(a)$，$f'(a)$ で表せ．

(1) $\lim\limits_{h \to 0} \dfrac{f(a+2h) - f(a)}{h}$　　(2) $\lim\limits_{x \to a} \dfrac{af(x) - xf(a)}{x - a}$

これも導関数のときと同じように，この公式から考えると，

(1) $f'(a) = \lim\limits_{h \to 0} \dfrac{f(a+h) - f(a)}{h} = \lim\limits_{h \to 0} \dfrac{f(a+2h) - f(a)}{2h}$

と考えるから，　　　　　　　　　　　　　　　　　変化量 h を調整

$$\lim_{h \to 0} \dfrac{f(a+2h) - f(a)}{h} = \lim_{h \to 0} \dfrac{f(a+2h) - f(x)}{2h} \times 2$$

$$= f'(a) \times 2 = 2f'(a)$$

(2) $\lim\limits_{x \to a} \dfrac{af(x) - xf(a)}{x - a} = \lim\limits_{x \to a} \dfrac{af(x) - af(a) + af(a) - xf(a)}{x - a}$

$= \lim\limits_{x \to a} \dfrac{f(x) - f(a)}{x - a} \cdot a - \lim\limits_{x \to a} \dfrac{x - a}{x - a} \cdot f(a)$　　$af(a)$ を調整

$= f'(a) \times a - f(a)$

$= af'(a) - f(a)$

問題 15 でる順に攻める！ No.4

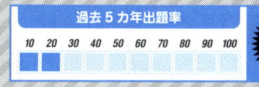

練習問題 —— 微分法の方程式への応用

a, b は実数で $a>0$ とする．関数 $f(x)=\dfrac{1}{3}ax^3+ax^2+b$ を考える．

(1) $f(x)$ は $x=\boxed{\text{ア}}$ で極大値，$x=\boxed{\text{イ}}$ で極小値をとる．

(2) 方程式 $f(x)=0$ が異なる3つの実数解をもつときの点 (a, b) の存在範囲を図示せよ．

（神戸薬科大学）

Mats: 定義域はすべての実数 x，対称性はないから増減と極値を考えましょう。

Kana: 微分して関数の増減と極値をチェックをします。

$f'(x)=ax^2+2ax=ax(x+2)$ から，

$x\leqq -2$ 及び $x\geqq 0$ のとき $f(x)$ は単調増加，

$-2\leqq x\leqq 0$ のとき，$f(x)$ は単調減少だから

$x=-2=\boxed{\text{ア}}$ のとき，極大値 $f(-2)=\dfrac{4}{3}a+b$

$x=0=\boxed{\text{イ}}$ のとき，極小値 $f(0)=b$

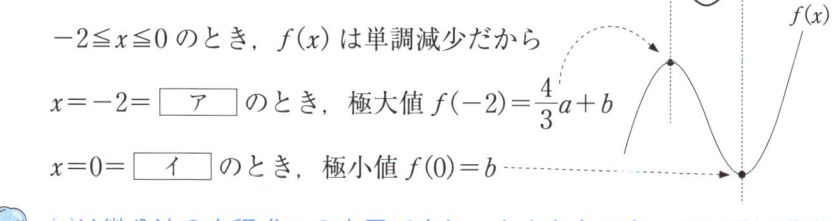

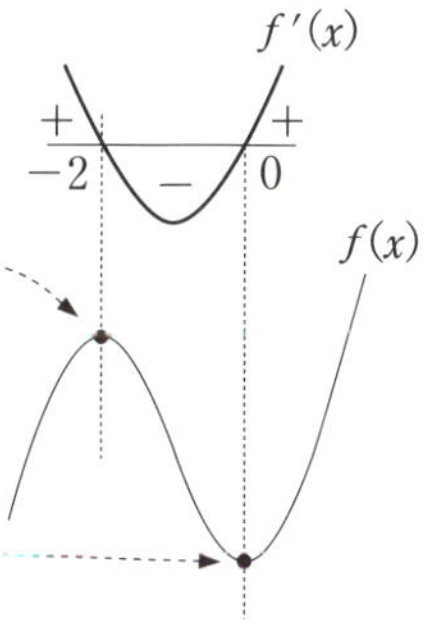

Mats: (2)は微分法の方程式への応用ですね。カナさんアタックしていきましょう！

Kana: $y=f(x)=0$ として

"関数 $y=f(x)$ のグラフが，x 軸と3つの共有点をもつ" と考えればいいんですよね。

その通りです。(1)の結果が有効に使えますね。

グラフからわかるように，$y=f(x)$ と x 軸が 3 つの共有点をもつためには，

$\quad f(-2)>0$ かつ $f(0)<0$

$\quad \iff \dfrac{4}{3}a+b>0$ かつ $b<0$

点 (a, b) の存在範囲は右の図の斜線部。
ただし，境界 $\left(b=-\dfrac{4}{3}a,\ b=0\right)$ を含まない。

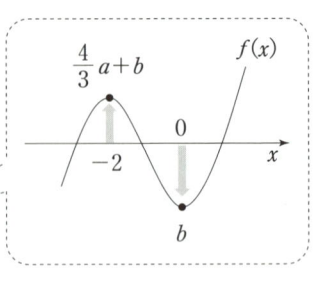

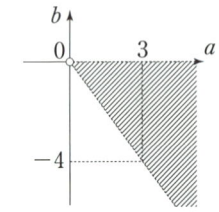

問題 16 でる順に攻める！

数学 I II A B 融合問題 — No.5

基本問題 — 点・直線

3直線 $y=\dfrac{1}{2}x-\dfrac{1}{2}$, $y=-x+4$, $y=ax$ が三角形を作らないとき，定数 a の値は全部で ア 個あり，そのうち絶対値が最も小さいものは $\dfrac{イ}{ウ}$ である．

（東京薬科大学・男子部）

3直線で三角形を作れないのは次の3つのパターンですね。

$l_1 : y=\dfrac{1}{2}x-\dfrac{1}{2}$, $l_2 : y=-x+4$, $l_3 : y=ax$ とすると

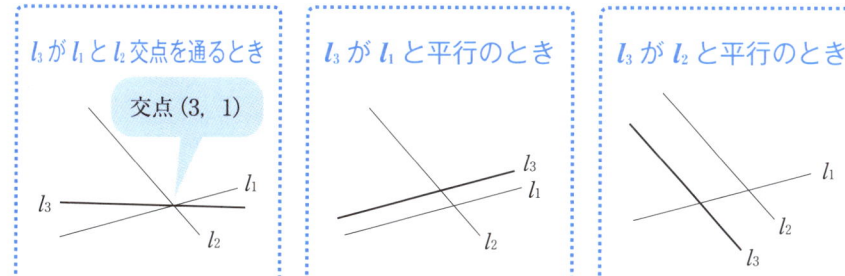

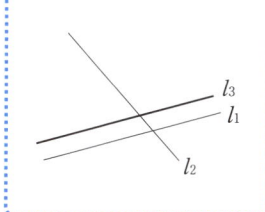

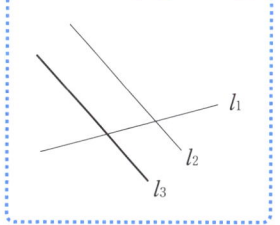

- l_3 が l_1 と l_2 の交点を通るとき　交点 $(3,\ 1)$
- l_3 が l_1 と平行のとき
- l_3 が l_2 と平行のとき

左から順に，$l_3 : y=ax$ が $(3,\ 1)$ を通るときだから

$$1=3a \iff a=\dfrac{1}{3} \quad \cdots ①$$

$l_3 : y=ax$ が $l_1 : y=\dfrac{1}{2}x-\dfrac{1}{2}$ と平行のときだから，$a=\dfrac{1}{2}$ $\cdots ②$

$l_3 : y=ax$ が $l_2 : y=-x+4$ と平行のときだから，$a=-1$ $\cdots ③$

①〜③から，定数 a の値は全部で 3（= ア ）個あります。

そのうち絶対値が最も小さいものは，①の $\dfrac{1}{3}$ $\left(=\dfrac{イ}{ウ}\right)$ です。

問題 17 円と直線

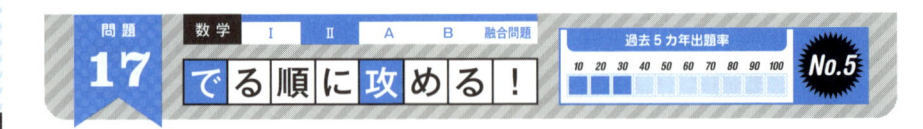

練習問題①

座標平面上で，点 $(0, 2)$ を中心とする半径 r の円について考える．このとき，次のことがいえる．

(1) 円 C を表す方程式は $x^2 + (y\ \boxed{ア}\ \boxed{イ})^2 = r^2$ である．

(2) x の 2 次関数 $y = x^2$ のグラフと円 C が異なる 2 点でそれぞれ接するとき $r = \dfrac{\sqrt{\boxed{ウ}}}{\boxed{エ}}$ である．2 次関数のグラフと円が点 P で接するとは，点 P（接点という）におけるそれぞれのグラフの接線が同じ直線であることをいう．このときの 2 つの接点の座標は

$$\left(\dfrac{\sqrt{\boxed{オ}}}{\boxed{カ}},\ \dfrac{\boxed{キ}}{\boxed{ク}}\right),\ \left(-\dfrac{\sqrt{\boxed{ケ}}}{\boxed{コ}},\ \dfrac{\boxed{キ}}{\boxed{ク}}\right)$$

である．接点 $\left(\dfrac{\sqrt{\boxed{オ}}}{\boxed{カ}},\ \dfrac{\boxed{キ}}{\boxed{ク}}\right)$ における $y = x^2$ のグラフの接線の方程式は $y = \sqrt{\boxed{サ}}\ x\ \boxed{シ}\ \dfrac{\boxed{ス}}{\boxed{セ}}$ である．

(3) $(0, -5)$ から (2) の場合の円 C に引いた接線の方程式は，次の 2 つである．

$$y = \boxed{ソ}\sqrt{\boxed{タ}}\ x\ \boxed{チ}\ \boxed{ツ},$$
$$y = -\boxed{ソ}\sqrt{\boxed{タ}}\ x\ \boxed{チ}\ \boxed{ツ}$$

（神戸学院大学薬学部）

🧑 この問題は設問に従って解いていきましょう！

👩 "座標平面上で，点 $(0, 2)$ を中心とする半径 r の円について考える" から円 C の方程式は (1) 円 C を表す方程式は $x^2+(y-2)^2=r^2$。だから，$\boxed{ア}\ \boxed{イ}=-2$ です。

> **CHECK** 中心 (a, b)，半径 r の円の方程式 $(x-a)^2+(y-b)^2=r^2$

🧑 続けていきましょう！

👩 (2) "x の2次関数 $y=x^2$ のグラフと円 C が異なる2点でそれぞれ接するとき $r=\dfrac{\sqrt{\boxed{ウ}}}{\boxed{エ}}$ である。"

だから，$\begin{cases} x^2+(y-2)^2=r^2 \\ y=x^2 \end{cases}$ の連立方程式を解くと

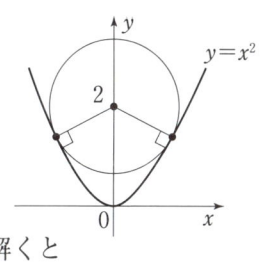

方程式 $y^2-3y-(r^2-4)=0$ は重解をもつから，

$\begin{cases} \text{重解は } y=\dfrac{3}{2}\ \left(=\dfrac{\boxed{キ}}{\boxed{ク}}\right)。 \\ \text{判別式 } D=(-3)^2-4\cdot1\cdot\{-(r^2-4)\}^2=0 \iff r=\pm\dfrac{\sqrt{7}}{2} \end{cases}$

> 2次方程式 $ax^2+bx+c=0$ $(a\neq0)$ 重解をもつとき，判別式 $D=b^2-4ac=0$ かつ 重解 $x=-\dfrac{b}{2a}$

ここで，$r>0$ だから，$r=\dfrac{\sqrt{7}}{2}\ \left(=\dfrac{\sqrt{\boxed{ウ}}}{\boxed{エ}}\right)$

よって，$\dfrac{3}{2}=x^2$

$\iff x=\dfrac{\sqrt{6}}{2}\ \left(=\dfrac{\sqrt{\boxed{オ}}}{\boxed{カ}}\right),\ x=-\dfrac{\sqrt{6}}{2}\ \left(=\dfrac{\sqrt{\boxed{ケ}}}{\boxed{コ}}\right)$

と一挙にここまで解けました。

第 Ⅰ 章

でる順に攻める！
［直前チェック＆短期間完成］

誘導してくれているので解き易いですね。いよいよ最後です。

"点 $(0, -5)$ から(2)の場合の円 C に引いた接線の方程式は，次の2つである" について，私は右の図のように図形で考えてみました。

直角三角形から $\sin\theta = \dfrac{\frac{\sqrt{7}}{2}}{7} = \dfrac{\sqrt{7}}{14} = \dfrac{1}{2\sqrt{7}}$

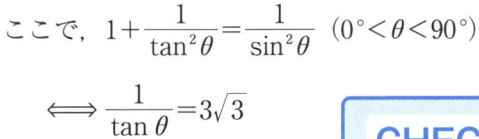

ここで，$1 + \dfrac{1}{\tan^2\theta} = \dfrac{1}{\sin^2\theta}$ $(0° < \theta < 90°)$

$\iff \dfrac{1}{\tan\theta} = 3\sqrt{3}$

接線の傾きは

$\tan(90° \mp \theta) = \pm \dfrac{1}{\tan\theta} = \pm 3\sqrt{3}$

> **CHECK** $1 + \dfrac{1}{\tan^2\theta} = \dfrac{1}{\sin^2\theta}$

"傾き $\pm 3\sqrt{3}$，定点 $(0, -5)$ を通る直線" と考えると接線方程式は

$y = \pm 3\sqrt{3}\,x - 5$ $\left(\iff y = \pm \boxed{\text{ソ}} \sqrt{\boxed{\text{タ}}}\, x \boxed{\text{チ}} \boxed{\text{ツ}} \right)$

> **CHECK** 点 (a, b) を通り，傾き m の直線の方程式
> $$y-b=m(x-a)$$

幾何を使って解く方法は，ほんとコンパクトですね。別解も示しておくので参考にしてください。

傾き m，定点 $(0, -5)$ を通る直線の方程式と考えると

$y-5=mx$

$\iff mx-y-5=0$ …① 点 $(0, 2)$ と直線①との距離を $\dfrac{\sqrt{7}}{2}$

と考えると，

$\dfrac{|m\cdot 0-2-5|}{\sqrt{m^2+(-1)^2}}=\dfrac{\sqrt{7}}{2}$

$\iff \dfrac{7}{\sqrt{m^2+1}}=\dfrac{\sqrt{7}}{2}$

$\iff 2\sqrt{7}=\sqrt{m^2+1}>0$

> 点 (x_1, y_1) と直線 $ax+by+c=0$ の距離
> $$d=\dfrac{|ax_1+by_1+c|}{\sqrt{a^2+b^2}}$$

両辺を2乗すると

$28=m^2+1 \iff m=\pm 3\sqrt{3}$

問題 18 でる順に攻める！

練習問題② 不等式と領域

座標平面において，連立不等式 $2x-3y \geq -5$, $3x+y \leq 9$, $x-7y \leq 3$ を満たす点 (x, y) 全体の集合を D とする．

(1) D は，3点 ア を頂点とする三角形の内部と周である．

(2) 直線 $2x+3y=k$ が D と共有点をもつような k の値の最大値は イ である．

(3) 直線 $2x-y=k$ が D と共有点をもつような k の値の最大値は ウ である．

（日本大学薬学部）

3連立不等式を満たす領域 D を図化しよう！直線を切片形に変形して考えると図形のイメージが捉えやすいよ！

$l_1 : 2x - 3y = -5 \quad \cdots ①$

$\Longleftrightarrow \dfrac{x}{-\dfrac{5}{2}} + \dfrac{y}{\dfrac{5}{3}} = 1$

$l_2 : 3x + y = 9 \quad \cdots ② \Longleftrightarrow \dfrac{x}{3} + \dfrac{y}{9} = 1$

$l_3 : x - 7y = 3 \quad \cdots ③ \Longleftrightarrow \dfrac{x}{3} + \dfrac{y}{-\dfrac{3}{7}} = 1$

①と②の交点 $(2, 3)$
領域 D
①と③の交点 $(-4, -1)$
②と③の交点 $(3, 0)$

領域 D は右図の斜線部（境界の l_1, l_2, および l_3 を含む）．

これで(1)の ア は $(2, 3)$，$(3, 0)$，$(-4, -1)$ になるね。

松井先生が領域 D を示してくれたので(2)が解き易くなりました。

"直線 $2x+3y=k$ が D と共有点をもつような k の値の最大値"

つまり "領域 D の点のうち，直線 $y=-\dfrac{2}{3}x+\dfrac{k}{3}$ の y 切片 $\dfrac{k}{3}$ が最大となる点を通過するとき"

右の図からわかるように，点 $(2, 3)$ を通るときだから

k の値の最大値は $\boxed{\text{イ}}=2\cdot2+3\cdot3=13$

カノさん，よろしいです。では(3)も同様にして解いて下さい。

注意

はい。(3)は "直線 $2x-y=k$ が D と共有点をもつような k の値の最大値" つまり "領域 D の点のうち，直線 $y=2x-k$ の y 切片 k が最小となる点を通過するとき"。つまり，下図からわかるように，点 $(3, 0)$ を通るときだから k の値の最大値は $\boxed{\text{ウ}}=2\cdot3-0=6$

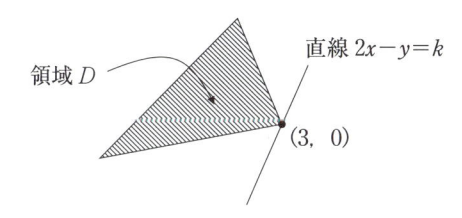

(3)は，"y 切片 k が最小となる点を通過するとき" に注意すれば大丈夫だね！

CHECK 　領域を示す関数が直線のときは，"切片形" で概略を掴む！

第Ⅰ章

問題 19　[数学 Ⅰ Ⅱ A B 融合問題]　でる順に攻める！

基本問題　　　**高次方程式**

a を実数とするとき，3次方程式 $x^3+ax^2-3x+10=0$ の解の1つが $x=2-i$（i は虚数単位）である．このとき，a の値は ［アイ］ であり，この方程式の実数解は $x=$ ［ウエ］ である．

（慶應義塾大学薬学部）

Mats：実数係数3次方程式について，1つの解が $x=a-bi$ のとき，他の解の1つは共役複素数解 $x=a+bi$ と考えられるね。　**CHECK**

Kana：ということは，3次方程式 $x^3+ax^2-3x+10=0$ の解を $x_1=2-i$ とすれば，もひとつの解は $x_2=2-i$ となるのですね。

Mats：次に，実数係数3次方程式について，3つの解を $2-i$, $2+i$, α（定数）として3次方程式の解と係数の関係を考えるといいね。

CHECK　$ax^3+bx^2+cx+d=0$ $(a\neq 0)$ の3つの解を α, β, γ とすると，

$$\alpha+\beta+\gamma=-\frac{b}{a}, \quad \alpha\beta+\beta\gamma+\gamma\alpha=\frac{c}{a}, \quad \alpha\beta\gamma=-\frac{d}{a}$$

Kana：そうか…。

$$\begin{cases} (2-i)+(2+i)+\alpha=-a \iff 4+\alpha=-a \quad \cdots ① \\ (2-i)(2+i)+(2+i)\alpha+\alpha=-3 \\ (2-i)(2+i)\alpha=-10 \iff 5\alpha=-10 \\ \iff \alpha=-2 \ (=\boxed{}) \quad \cdots ② \end{cases}$$

あとは②を①に代入して，$a=-2$（$=\boxed{}$）となります。解と係数の関係を利用するとかなりスマートに解けました。

問題 20　高次方程式

練習問題

3次方程式 $x^3-2x^2-5=0$ の3つの解を $\alpha,\ \beta,\ \gamma$ とするとき，$\dfrac{\beta+\gamma}{\alpha}$，$\dfrac{\gamma+\alpha}{\beta}$，$\dfrac{\alpha+\beta}{\gamma}$ を3つの解とする3次方程式は，$5x^3+$ ア イ x^3+ ウ エ $x+$ オ $=0$ である．

（星薬科大学）

この問題も3次方程式の解と係数の関係で考えましょう．

$$\begin{cases} \alpha+\beta+\gamma=2 & \cdots ① \\ \alpha\beta+\beta\gamma+\gamma\alpha=0 & \cdots ② \\ \alpha\beta\gamma=5 & \cdots ③ \end{cases}$$ となるから，

$$\begin{cases} \dfrac{\beta+\gamma}{\alpha}=\dfrac{2-\alpha}{\alpha}=\dfrac{2}{\alpha}-1=\alpha' & \cdots ④ \\ \dfrac{\gamma+\alpha}{\beta}=\dfrac{2-\beta}{\beta}=\dfrac{2}{\beta}-1=\beta' & \cdots ⑤ \\ \dfrac{\alpha+\beta}{\gamma}=\dfrac{2-\gamma}{\gamma}=\dfrac{2}{\gamma}-1=\gamma' & \cdots ⑥ \end{cases}$$

として，$\alpha',\ \beta',\ \gamma'$ を3つの解とする3次方程式を考えよう！

これも解と係数の関係を考えると，

$$\begin{cases} \alpha'+\beta'+\gamma'=\left(\dfrac{2}{\alpha}-1\right)+\left(\dfrac{2}{\beta}-1\right)+\left(\dfrac{2}{\gamma}-1\right) \\ \alpha'\beta'+\beta'\gamma'+\gamma'\alpha' \\ =\left(\dfrac{2}{\alpha}-1\right)\left(\dfrac{2}{\beta}-1\right)+\left(\dfrac{2}{\beta}-1\right)\left(\dfrac{2}{\gamma}-1\right)+\left(\dfrac{2}{\gamma}-1\right)\left(\dfrac{2}{\alpha}-1\right) \\ \alpha'\beta'\gamma'=\left(\dfrac{2}{\alpha}-1\right)\left(\dfrac{2}{\beta}-1\right)\left(\dfrac{2}{\gamma}-1\right) \end{cases}$$

計算が煩雑

となって…ちょっと計算が難しくなってきちゃった…．

次のように考えるとコンパクトになりますよ。

$$\begin{cases} \dfrac{2}{\alpha}-1=\alpha' \iff \dfrac{2}{\alpha}=\alpha'+1 & \cdots ④ \\ \dfrac{2}{\beta}-1=\beta' \iff \dfrac{2}{\beta}=\beta'+1 & \cdots ⑤ \\ \dfrac{2}{\gamma}-1=\gamma' \iff \dfrac{2}{\gamma}=\gamma'+1 & \cdots ⑥ \end{cases}$$

ここで, $\alpha'+1\left(=\dfrac{2}{\alpha}\right)$, $\beta'+1\left(=\dfrac{2}{\beta}\right)$, $\gamma'+1\left(=\dfrac{2}{\gamma}\right)$ を3つの解とする3次方程式と考えて, ①〜③を用いて表すと,

$$\begin{cases} \dfrac{2}{\alpha}+\dfrac{2}{\beta}+\dfrac{2}{\gamma}=2\dfrac{\alpha\beta+\beta\gamma+\gamma\alpha}{\alpha\beta\gamma}=0 \\ \dfrac{2}{\alpha}\cdot\dfrac{2}{\beta}+\dfrac{2}{\beta}\cdot\dfrac{2}{\gamma}+\dfrac{2}{\gamma}\cdot\dfrac{2}{\alpha}=4\dfrac{\alpha+\beta+\gamma}{\alpha\beta\gamma}=\dfrac{8}{5} \\ \dfrac{2}{\alpha}\cdot\dfrac{2}{\beta}\cdot\dfrac{2}{\gamma}=\dfrac{8}{\alpha\beta\gamma}=\dfrac{8}{5} \end{cases}$$

となるから, 方程式の1つは

$$x^3-0\cdot x^2+\dfrac{8}{5}x-\dfrac{8}{5}=0 \iff \boxed{5x^3+8x-8=0}$$

であり,

$5x^3+8x-8=0$ は3つの解 $\dfrac{2}{\alpha}$, $\dfrac{2}{\beta}$, $\dfrac{2}{\gamma}$ をもつ。

$$\begin{cases} 5\left(\dfrac{2}{\alpha}\right)^3+8\left(\dfrac{2}{\alpha}\right)-8=0 \\ 5\left(\dfrac{2}{\beta}\right)^3+8\left(\dfrac{2}{\beta}\right)-8=0 \\ 5\left(\dfrac{2}{\gamma}\right)^3+8\left(\dfrac{2}{\gamma}\right)-8=0 \end{cases} \iff \begin{cases} 5(\alpha'+1)^3+8(\alpha'+1)-8=0 \\ 5(\beta'+1)^3+8(\beta'+1)-8=0 \\ 5(\gamma'+1)^3+8(\gamma'+1)-8=0 \end{cases}$$

$$\iff \begin{cases} 5\alpha'^3+15\alpha'^2+23\alpha'+5=0 \\ 5\beta'^3+15\beta'^2+23\beta'+5=0 \\ 5\gamma'^3+15\gamma'^2+23\gamma'+5=0 \end{cases}$$

α', β', γ' を3つの解とする3次方程式は, $5x^3+15x^2+23x+5$

$$\left(=5x^3+\boxed{ア}\boxed{イ}x^3+\boxed{ウ}\boxed{エ}x+\boxed{オ}\right)=0$$

第Ⅰ章

問題 21 でる順に攻める！

基本問題①　漸化式

$a_1 = 3$, $a_{n+1} = a_n + 2^n + 3n$ （$n=1, 2, 3, \cdots\cdots$）で定義される数列 $\{a_n\}$ の一般項は，$a_n = \boxed{}$ である．

（大阪薬科大学）

隣接二項間漸化式の解法パターンをしっかりまとめておこう．

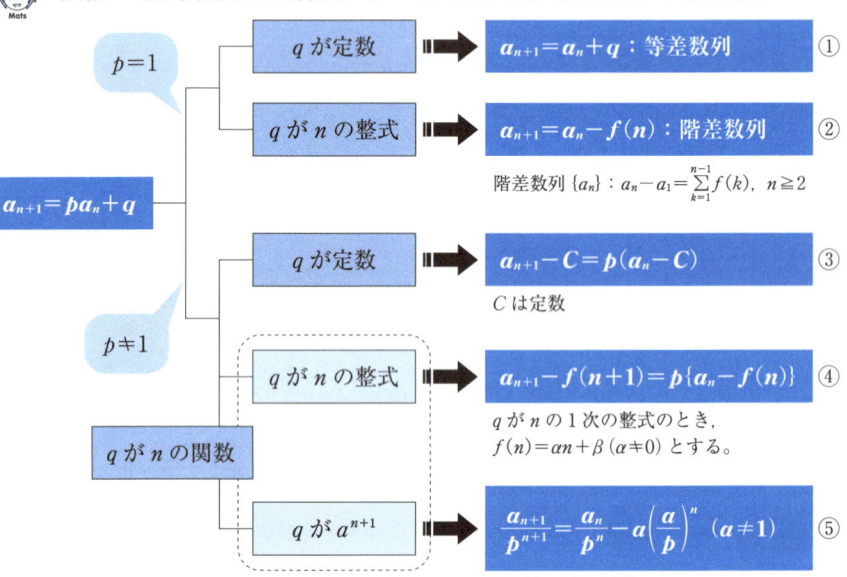

$a_{n+1} = pa_n + q$

- $p=1$
  - q が定数 ⇒ $a_{n+1} = a_n + q$：等差数列 ①
  - q が n の整式 ⇒ $a_{n+1} = a_n - f(n)$：階差数列 ②
    - 階差数列 $\{a_n\}$：$a_n - a_1 = \sum_{k=1}^{n-1} f(k)$，$n \geq 2$
- $p \neq 1$
  - q が定数 ⇒ $a_{n+1} - C = p(a_n - C)$ ③
    - C は定数
  - q が n の関数
    - q が n の整式 ⇒ $a_{n+1} - f(n+1) = p\{a_n - f(n)\}$ ④
      - q が n の1次の整式のとき，$f(n) = \alpha n + \beta$ ($\alpha \neq 0$) とする．
    - q が a^{n+1} ⇒ $\dfrac{a_{n+1}}{p^{n+1}} = \dfrac{a_n}{p^n} - a\left(\dfrac{a}{p}\right)^n$ ($a \neq 1$) ⑤
      - 両辺を a^{n+1} で割る．

松井先生が示してくれた解法パターンだと，この問題は解法②ですね！ 解いてみます！

$$a_n - 3 = \sum_{k=1}^{n-1}(2^k + 3k) \iff a_n = 3 + \frac{2(2^{n-1} - 1)}{2 - 1} + 3\frac{(n-1)n}{2}$$

$$\iff a_n = 2^n + \frac{3}{2}n(n-1) + 1 \quad (= \boxed{})$$

ただし，$n=1$ のときも成立する．

解法④の例題も解いてみよう！

類題 数列 $\{a_n\}$ が $a_1=3$, $a_{n+1}=2a_n-n$ で定義されるとき，一般項 a_n を求めよ。

定義された漸化式は

$$a_{n+1}-\{\alpha(n+1)+\beta\}=2\{a_n-(\alpha n+\beta)\} \quad \cdots ①$$

になる。①を変形すると

$$a_{n+1}=2a_n-\alpha n+\alpha-\beta$$

定義された漸化式と比較すると

$$\alpha=1,\ \alpha-\beta=0 \iff \alpha=\beta=1$$

①に代入すると，

$$a_{n+1}-\{(n+1)+1\}=2\{a_n-(n+1)\} \quad \cdots ①'$$

数列 $\{a_n-(n+1)\}$ は，

初項 $a_1-(1+1)=3-2=1$

公比 2

の等比数列

$$a_n-(n+1)=1\cdot 2^{n-1} \iff a_n=2^{n-1}+n+1$$

第Ⅰ章

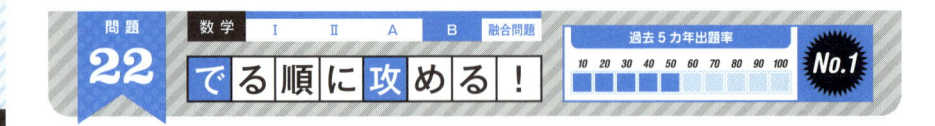

問題 22 でる順に攻める！

基本問題②　漸化式

数列 $\{a_n\}$ が $a_1 = \dfrac{1}{3}$, $a_{n+1} = \dfrac{a_n}{3-2a_n}$ $(n=1, 2, 3, \cdots\cdots)$ を満たしているとする．$b_n = \dfrac{1}{a_n} - 1$ とおくとき，b_{n+1} を b_n を用いて表すと $b_{n+1} = \boxed{\text{ア}}$ である．また，数列 $\{a_n\}$ の一般項を求めると $a_n = \boxed{\text{イ}}$ である．

（福岡大学薬学部）

🧑 **Mats**：この問題は基本問題①に示した①〜⑤のパターンに当てはまらないね．

👧 **Kana**：松井先生，こういう場合はどうすればいいのですか？

🧑 **Mats**：問題文中に "$b_n = \dfrac{1}{a_n} - 1$ とおくとき，b_{n+1} を b_n を用いて表す" とあるからこれに従って解いていってみよう！

$b_n = \dfrac{1}{a_n} - 1 \left(= \dfrac{1-a_n}{a_n} \right)$ とおくから，

$b_{n+1} = \dfrac{1}{a_{n+1}} - 1$ と表すことができる．

$a_{n+1} = \dfrac{a_n}{3-2a_n}$ を代入すると

$$b_{n+1} = \dfrac{1}{a_{n+1}} - 1 = \dfrac{1}{\dfrac{a_n}{3-2a_n}} - 1$$

$$= \dfrac{3-3a_n}{a_n}$$

$$= 3\left(\dfrac{1}{a_n} - 1\right) = 3b_n \; \left(= \boxed{\text{ア}}\right)$$

これで数列 $\{b_n\}$ は，初項が $b_1 = \dfrac{1}{a_1} - 1 = 2$，公比 3 の等比数列だから

$$b_n = 2 \cdot 3^{n-1}$$

よって

$$b_n = \dfrac{1}{a_n} - 1 \Longleftrightarrow a_n = \dfrac{1}{b_n + 1} = \dfrac{1}{2 \cdot 3^{n-1} + 1} \quad \left(= \boxed{\ \text{イ}\ } \right)$$

本当だ。コンパクトに，スッキリ解答できています。

問題 23

練習問題 — 漸化式

数列 $\{a_n\}$ が $a_1=1$, $2a_{n+1}-a_n=(a_1+a_2)n$

により定められているとする

(1) $a_2=\boxed{\text{ア}}$ である．

(2) $\{a_n\}$ の階差数列を $\{b_n\}$ とすると，$b_1=\boxed{\text{イ}}$ であり，

漸化式 $\boxed{\text{ウ}}\, b_{n+1}=b_n+\boxed{\text{エ}}$

が成立する．この漸化式を解くと，$\{b_n\}$ の一般項は

$$b_n = \boxed{\text{オ}} - \left(\frac{\boxed{\text{カ}}}{\boxed{\text{キ}}}\right)^{\boxed{\text{ク}}}$$

となる．これにより，$\{a_n\}$ の一般項は $a_n=\boxed{\text{ケ}}+\left(\dfrac{\boxed{\text{コ}}}{\boxed{\text{サ}}}\right)^{\boxed{\text{シ}}}$

であることがわかる．

(3) $a_n>100$ をみたす最小の n は $\boxed{\text{ス}}$ である．

（京都薬科大学）

漸化式 $2a_{n+1}-a_n=(a_1+a_2)n$ …① から，$n=1$ のとき

$$2a_2-a_1=a_1+a_2 \iff a_2=2a_1=2\ (=\boxed{\text{ア}})$$

この結果から，漸化式 $2a_{n+1}-a_n=3n$

$$\iff a_{n+1}=\frac{1}{2}a_n+\frac{3}{2}n \quad \text{…②}$$

ここで，先に $\boxed{\text{ケ}}$ から $\boxed{\text{シ}}$ を求めてしまいましょう！

カナさんアタック！

Kana: はい，これは先ほど類題でも示した，解法パターンの④だから

$$a_{n+1} = \frac{1}{2}a_n + \frac{3}{2}n \quad \cdots ②$$

$$\iff a_{n+1} - \{\alpha(n+1) + \beta\} = \frac{1}{2}\{a_n - (\alpha n + \beta)\} \quad \cdots ③ \quad になる。$$

③を整理すると

$$a_{n+1} = \frac{1}{2}a_n + \frac{1}{2}\alpha n + \left(\alpha + \frac{1}{2}\beta\right)$$

これは②と一致するから

$$\begin{cases} \dfrac{3}{2} = \dfrac{1}{2}\alpha \\ 0 = \alpha + \dfrac{1}{2}\beta \end{cases} \iff \begin{cases} \alpha = 3 \\ \beta = -6 \end{cases}$$

③に代入すると $\quad a_{n+1} - \{3(n+1) - 6\} = \dfrac{1}{2}\{a_n - (3n-6)\}$

数列 $\{a_n - (3n-6)\}$ は，初項 $a_1 - (3-6) = 1 + 3 = 4 = 2^2$，公比 $\dfrac{1}{2}$ の等比数列だから

$$a_n - (3n-6) = 2^2 \cdot \left(\frac{1}{2}\right)^{n-1} = \left(\frac{1}{2}\right)^{n-3}$$

よって，

$$a_n = (3n-6) + \left(\frac{1}{2}\right)^{n-3} \left(= \boxed{ケ} + \left(\boxed{\dfrac{コ}{サ}}\right)^{\boxed{シ}} \right)$$

Mats: 最後の一般項から求まることを理解するといいですよ。あとは題意に従って解いてみましょう！

Kana: (2)は，"数列 $\{a_n\}$ の階差数列を $\{b_n\}$ とする" から

$b_n = a_{n+1} - a_n$ とすると，

$$b_1 = a_2 - a_1 = 2 - 1 = 1 \quad (= \boxed{イ})$$

$$2a_{n+1} - a_n = (a_1 + a_2)n \quad \cdots ①$$

$$2a_{n+2} - a_{n+1} = (a_1 + a_2)(n+1) \quad \cdots ③$$

③−①とすると，

$$2(a_{n+2} - a_{n+1}) - (a_{n+1} - a_n) = (a_1 + a_2) = 1 + 2 = 3$$

ここで，$b_n = a_{n+1} - a_n$，$b_{n+1} = a_{n+2} - a_{n+1}$ を用いて表すと

$$\iff 2b_{n+1} = b_n + 3 \quad (\iff \boxed{ウ}\, b_{n+1} = b_n + \boxed{エ}\,)$$

これは隣接 2 項間漸化式のパターン③ですね．カナさん，一挙に解こう！

はい！松井先生が示してくれた解法パターンで解くと

$$b_{n+1} = \frac{1}{2}b_n + \frac{3}{2} \iff b_{n+1} - C = \frac{1}{2}(b_n - C)$$

$$\iff b_{n+1} = \frac{1}{2}b_n + \frac{1}{2}C \iff C = 3$$

よって，$b_{n+1} - 3 = \frac{1}{2}(b_n - 3)$

一般項　$b_n - 3 = (b_1 - 3)\left(\frac{1}{2}\right)^{n-1} = (1 - 3)\left(\frac{1}{2}\right)^{n-1}$

$$= -2\left(\frac{1}{2}\right)^{n-1} = -\left(\frac{1}{2}\right)^{n-2}$$

$$\iff b_n = 3 - \left(\frac{1}{2}\right)^{n-2} \left(= \boxed{オ} - \left(\frac{\boxed{カ}}{\boxed{キ}}\right)^{\boxed{ク}}\right)$$

一般項もだしてみます．数列 $\{a_n\}$ の階差数列を $\{b_n\}$ だから

$$a_n = a_1 + \sum_{k=1}^{n-1} b_k = 1 + \sum_{k=1}^{n-1}\left\{3 - \left(\frac{1}{2}\right)^{k-2}\right\}$$

$$= 1 + 3(n-1) - \frac{2\left\{1 - \left(\frac{1}{2}\right)^{n-1}\right\}}{1 - \frac{1}{2}}$$

$$\iff a_n = 3n - 6 + \left(\frac{1}{2}\right)^{n-3} \quad (n=1 \text{ のときも成立する})$$

(3)は(2)の結果を用いて考えましょう。

(2)から

$$a_n = 3n - 6 + \left(\frac{1}{2}\right)^{n-3} > 100$$

$$\iff 3n > 106 - \left(\frac{1}{2}\right)^{n-3}$$

ここで，$n=1, 2, 3, \cdots$ と考えていくと

$$\left(\frac{1}{2}\right)^{-2} > \left(\frac{1}{2}\right)^{-1} > 1 > \left(\frac{1}{2}\right)^{1} > \left(\frac{1}{2}\right)^{2} > \cdots$$ と単調減少していき，

$n \to \infty$ のとき，$\left(\frac{1}{2}\right)^{n-3} \to 0$ だから

$3n > 106$ と考えると，$n > 35.333\cdots$

$a_n > 100$ をみたす最小の自然数 n は 36（＝ ス ）となる。

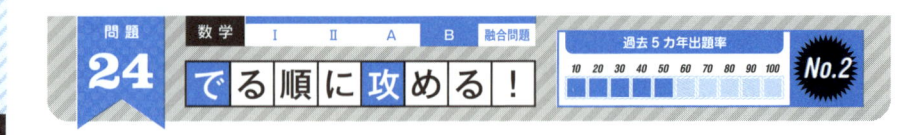

第 I 章 でる順に攻める！[直前チェック＆短期間完成]

問題 24　でる順に攻める！
数学　I　II　A　B　融合問題　　過去5カ年出題率　No.2

基本問題　　空間ベクトルと図形

空間内に四面体 OABC があり，辺 BC を $1:2$ に内分する点を D，線分 OD の中点を M，線分 AM の中点を N とする．

(1) $\overrightarrow{OM}$ を $\overrightarrow{OB}$, $\overrightarrow{OC}$ で表すと　$\overrightarrow{OM} = \dfrac{\text{あ}}{\text{い}}\overrightarrow{OB} + \dfrac{\text{う}}{\text{え}}\overrightarrow{OC}$ である．

(2) 直線 BN と平面 OAC の交点を P とするとき
$\overrightarrow{OP} = \dfrac{\text{お}}{\text{か}}\overrightarrow{OA} + \dfrac{\text{き}}{\text{く}}\overrightarrow{OC}$ である．

(3) 三角形 OAP の面積は三角形 OAC の面積の $\dfrac{\text{け}}{\text{こさ}}$ 倍である．

（東京薬科大学・女子部）

> ベクトルの空間図形への利用は，必ず図形（幾何）の理解をしよう！
> Mats

CHECK　ベクトルは図形を理解する！

問題文を読み解いて図形の理解をします．
Kana

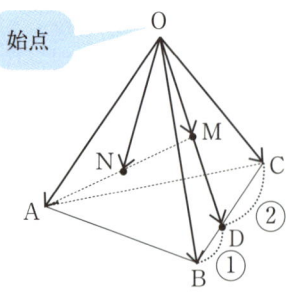

点 D は BC を $1:2$ に内分する点
$$\overrightarrow{OD} = \dfrac{2 \cdot \overrightarrow{OB} + 1 \cdot \overrightarrow{OC}}{1+2} = \dfrac{2}{3}\overrightarrow{OB} + \dfrac{1}{3}\overrightarrow{OC}$$

点 M は OD の中点
$$\overrightarrow{OM} = \dfrac{1}{2}\overrightarrow{OD} = \dfrac{1}{2}\left(\dfrac{2}{3}\overrightarrow{OB} + \dfrac{1}{3}\overrightarrow{OC}\right)$$
$$= \dfrac{1}{3}\overrightarrow{OB} + \dfrac{1}{6}\overrightarrow{OC}$$
$$\left(= \dfrac{\text{あ}}{\text{い}}\overrightarrow{OB} + \dfrac{\text{う}}{\text{え}}\overrightarrow{OC}\right)$$

点 N は AM の中点

$$\overrightarrow{ON} = \frac{\overrightarrow{OA}+\overrightarrow{OM}}{2} = \frac{1}{2}\overrightarrow{OA} + \frac{1}{2}\left(\frac{1}{3}\overrightarrow{OB} + \frac{1}{6}\overrightarrow{OC}\right)$$

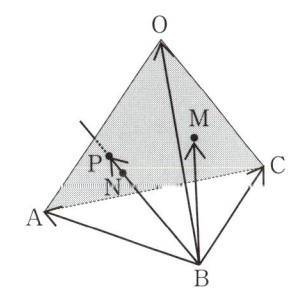

$$= \frac{1}{2}\overrightarrow{OA} + \frac{1}{6}\overrightarrow{OB} + \frac{1}{12}\overrightarrow{OC}$$

ここで 4 点 O，A，C，及び P が同一平面上にあることに着目！

CHECK 　共面条件

4 点 O，A，C，及び P が同一平面上にある

$$\overrightarrow{BP} = l\overrightarrow{BO} + m\overrightarrow{BA} + n\overrightarrow{BC} \quad \cdots ①$$

ただし，$l+m+n=1$

ここで 3 点 B，N，P が同一直線上にあることに着目しよう！

CHECK 　共線条件

3 点 B，N，P が同一直線上にある

$$\overrightarrow{BP} = k\overrightarrow{BN} \quad \cdots ②$$

ただし，k は定数

点 N は AM の中点だから　$\overrightarrow{BN} = \dfrac{\overrightarrow{BA}+\overrightarrow{BM}}{2} \quad \cdots ③$

点 D は BC を 1：2 に内分する点だから　$\overrightarrow{BD} = \dfrac{1}{3}\overrightarrow{BC}$

点 M は OD の中点だから　$\overrightarrow{BM} = \dfrac{\overrightarrow{BO}+\overrightarrow{BD}}{2} = \dfrac{1}{2}\overrightarrow{BO} + \dfrac{1}{6}\overrightarrow{BC} \quad \cdots ④$

②に③を代入すると　$\overrightarrow{BP} = k\dfrac{\overrightarrow{BA}+\overrightarrow{BM}}{2}$

さらに④を代入すると，

$$\overrightarrow{BP} = k\dfrac{\overrightarrow{BA} + \dfrac{1}{2}\overrightarrow{BO} + \dfrac{1}{6}\overrightarrow{BC}}{2}$$

$$= \frac{k}{2}\overrightarrow{BO} + \frac{k}{4}\overrightarrow{BA} + \frac{k}{12}\overrightarrow{BC}$$

①より，$\dfrac{k}{2} + \dfrac{k}{4} + \dfrac{k}{12} = 1 \iff k = \dfrac{6}{5}$

②に代入する　$\overrightarrow{BP} = \dfrac{6}{5}\overrightarrow{BN}$

CHECK ベクトルの始点をOに変更する！

$$\overrightarrow{OP} - \overrightarrow{OB} = \frac{6}{5}(\overrightarrow{ON} - \overrightarrow{OB})$$

$$\iff \overrightarrow{OP} = -\frac{1}{5}\overrightarrow{OB} + \frac{6}{5}\overrightarrow{ON}$$

$$\iff \overrightarrow{OP} = -\frac{1}{5}\overrightarrow{OB} + \frac{6}{5}\left(\frac{1}{2}\overrightarrow{OA} + \frac{1}{6}\overrightarrow{OB} + \frac{1}{12}\overrightarrow{OC}\right)$$

$$\iff \overrightarrow{OP} = \frac{3}{5}\overrightarrow{OA} + \frac{1}{10}\overrightarrow{OC} \quad \left(= \frac{\boxed{お}}{\boxed{か}}\overrightarrow{OA} + \frac{\boxed{き}}{\boxed{く}}\overrightarrow{OC}\right)$$

図形を理解すると「共線条件」「共面条件」がわかって，コンパクトに解けるんですね。ただ，最後に始点を変えることに気をつけよ！

(3)は面積の比の問題ですね。(2)の結果から，点Pが三角形OACの内部にあるから

$$\overrightarrow{OP} = \frac{3}{5}\overrightarrow{OA} + \frac{1}{10}\overrightarrow{OC} = \frac{6\cdot\overrightarrow{OA} + 1\cdot\overrightarrow{OC}}{10} = \frac{7}{10}\cdot\frac{6\cdot\overrightarrow{OA} + 1\cdot\overrightarrow{OC}}{1+6}$$

直線OPとACの交点をQとすると

$$\overrightarrow{OP} = \frac{7}{10}\cdot\frac{6\cdot\overrightarrow{OA} + 1\cdot\overrightarrow{OC}}{1+6} \iff \frac{10}{7}\cdot\overrightarrow{OP} = \frac{6\cdot\overrightarrow{OA} + 1\cdot\overrightarrow{OC}}{1+6} = \overrightarrow{OQ}$$

$$\iff \begin{cases} \overrightarrow{OQ} = \dfrac{6\cdot\overrightarrow{OA} + 1\cdot\overrightarrow{OC}}{1+6} & \text{(点QはACを1：6に内分する点)} \\ \overrightarrow{OP} = \dfrac{7}{10}\overrightarrow{OQ} & \text{(点PはOQを7：3に内分する点)} \end{cases}$$

そっかぁ，これを図にすれば面積の比がわかりそう！

> そうそう！図化してコンパクトに解こう！

図で表すと右の図のようになります。

△APQ の面積を $3S$ とすると，面積比 △APQ：△CPQ＝1：6 だから △CPQ の面積は $18S$。

面積比 △APQ：△APO＝3：7 だから △APO の面積は $7S$。

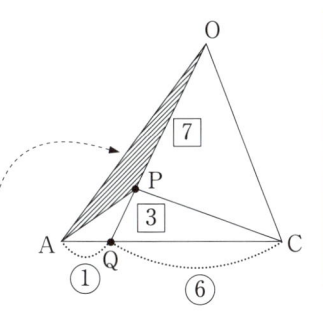

面積比 △CPQ：△CPO＝3：7 だから，△CFO の面積は $42S$。

以上より，△ABC の面積は $3S+18S+7S+42S=70S$。

三角形 OAP の面積は三角形 OAC の面積の
$\dfrac{7S}{70S}=\dfrac{1}{10}\left(=\dfrac{\boxed{け}}{\boxed{こさ}}\right)$ 倍。

第 Ⅰ 章 でる順に攻める！［直前チェック＆短期間完成］

問題 25　でる順に攻める！　No.2

練習問題　空間ベクトルと図形

空間内に3点 A(1, −1, 3), B(3, 1, 4), C(−1, 0, 5) をとる.

(1) $|\overrightarrow{AB}|=|\overrightarrow{AC}|=\boxed{\text{あ}}$, $\overrightarrow{AB}\cdot\overrightarrow{AC}=\boxed{\text{い}}$ となるから，線分 AB, AC を隣り合う2辺とする正方形 ABDC を作ることができる．このとき，点Dの座標は $(\boxed{\text{う}}, \boxed{\text{え}}, \boxed{\text{お}})$ である．

(2) $\overrightarrow{AB}$ と $\overrightarrow{AC}$ の両方に垂直なベクトルを $\vec{n}$ とすると $\vec{n}=\dfrac{1}{\boxed{\text{か}}}(1, -\boxed{\text{き}}, \boxed{\text{く}})$ である．ただし，$\vec{n}$ の大きさは1で, z 成分は正とする．

(3) 正方形 ABDC の2つの対角線の交点を E とし，点 F を $\overrightarrow{OF}=\overrightarrow{OE}+t\vec{n}$ (t は正の実数), $\cos\angle AFB=\dfrac{3}{4}$ を満たすようにとるとき，$t=\dfrac{\boxed{\text{け}}\sqrt{\boxed{\text{こ}}}}{\boxed{\text{こ}}}$ である．

(4) 四角錐 F−ABDC の体積は $\dfrac{\boxed{\text{し}}\sqrt{\boxed{\text{す}}}}{\boxed{\text{せ}}}$ である．　（東邦大学薬学部）

ベクトルの空間図形への応用です。設問に従って解いていこう！

$\overrightarrow{OA}=\begin{pmatrix}1\\-1\\3\end{pmatrix}$, $\overrightarrow{OB}=\begin{pmatrix}3\\1\\4\end{pmatrix}$, $\overrightarrow{OC}=\begin{pmatrix}-1\\0\\5\end{pmatrix}$ とすると，

$\overrightarrow{AB}=\begin{pmatrix}2\\2\\1\end{pmatrix}$, $\overrightarrow{AC}=\begin{pmatrix}-2\\1\\2\end{pmatrix}$, $|\overrightarrow{AB}|=|\overrightarrow{AC}|=3\;(=\boxed{\text{あ}})$

△ABC は
直角二等辺三角形

$$\overrightarrow{AB} \cdot \overrightarrow{AC} = \begin{pmatrix} 2 \\ 2 \\ 1 \end{pmatrix} \cdot \begin{pmatrix} -2 \\ 1 \\ 2 \end{pmatrix} = -4 + 2 + 2 = 0 \ (= \boxed{\text{い}}\ )$$ となるから，

CHECK　$\overrightarrow{OA} = (a_1,\ a_2,\ a_3),\ \overrightarrow{OB} = (b_1,\ b_2,\ b_3)$ のとき，

ベクトルの内積　$\overrightarrow{OA} \cdot \overrightarrow{OB} = a_1 b_1 + a_2 b_2 + a_3 b_3$

線分 AB，AC を隣り合う 2 辺とする正方形 ABCD を作ることができる。

$$\overrightarrow{OD} = \overrightarrow{OB} + \overrightarrow{BD} = \overrightarrow{OB} + \overrightarrow{AC} = \begin{pmatrix} 1 \\ 2 \\ 6 \end{pmatrix}$$

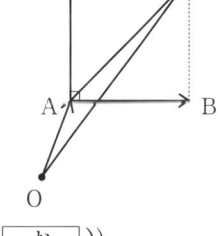

$\iff \overrightarrow{OD} = (1,\ 2,\ 6)\ (= (\boxed{\text{う}},\ \boxed{\text{え}},\ \boxed{\text{お}}))$

Mats：設問に従っていくと素直に解けますよ。さて，カナさん続けてください。バトンタッチです。

Kana：はい。(2) $\overrightarrow{AB}$ と $\overrightarrow{AC}$ の両方に垂直なベクトル $\vec{n}$ は外積だから，

CHECK　$\overrightarrow{OA} = (a_1,\ a_2,\ a_3),\ \overrightarrow{OB} = (b_1,\ b_2,\ b_3)$ のとき，

$$\overrightarrow{OA} \times \overrightarrow{OB} = (a_2 b_3 - a_3 b_2,\ a_3 b_1 - a_1 b_3,\ a_1 b_2 - a_2 b_1)$$

$\vec{n} = \overrightarrow{OA} \times \overrightarrow{OB}$

$a_1 b_2 - a_2 b_1$ … z 成分
$a_2 b_3 - a_3 b_2$ … x 成分
$a_3 b_1 - a_1 b_3$ … y 成分

$\overrightarrow{AB}=(2, 2, 1)$, $\overrightarrow{AC}=(-2, 1, 2)$ のとき

$$\overrightarrow{AB}\times\overrightarrow{AC}=(3, -6, 6)=\begin{pmatrix}3\\-6\\6\end{pmatrix}$$

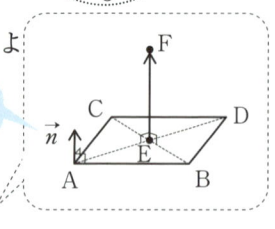

$$\iff \overrightarrow{AB}\times\overrightarrow{AC}=3\begin{pmatrix}1\\-2\\2\end{pmatrix}, |\overrightarrow{AB}\times\overrightarrow{AC}|=9$$

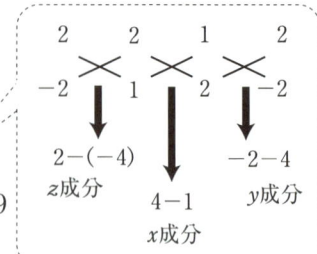

$\vec{n}$ の大きさは1で，z 成分は正だから

$$\vec{n}=\frac{\overrightarrow{AB}\times\overrightarrow{AC}}{|\overrightarrow{AB}\times\overrightarrow{AC}|}=\frac{1}{3}\begin{pmatrix}1\\-2\\2\end{pmatrix}=\frac{1}{3}(1, -2, 2)$$

$$\left(=\frac{1}{\boxed{か}}(1, -\boxed{き}, \boxed{く})\right)$$

外積はスマートでいいですね！内積をつかって考えてもいいですよ。

(3)に進みます。

"正方形 ABDC の2つの対角線の交点を E" だから右図のようになります。

"点 F を $\overrightarrow{OF}=\overrightarrow{OE}+t\vec{n}$ （t は正の実数）を満たすようにとる" から $\overrightarrow{OF}-\overrightarrow{OE}=t\vec{n} \iff \overrightarrow{EF}=t\vec{n}$

この条件から，四角錐 F－ABDC は正四角錐 F－ABDC になります。側面 △ABF は FA＝FB の二等辺三角形．

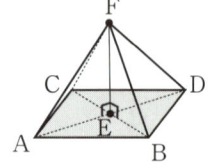

また，"$\cos\angle\text{AFB}=\dfrac{3}{4}$"だから，$\text{FA}=\text{FB}=x$（$>0$）とすると第2余弦定理より　$3^2=x^2+x^2-2\cdot x\cdot x\cdot\cos\angle\text{AFB}$, $x>0\iff x=3\sqrt{2}$

直角三角形 AEF は辺の比から

$\quad\text{AF}:\text{AE}:\text{EF}=2:1:\sqrt{3}$

$\quad\iff 3\sqrt{2}:\dfrac{3\sqrt{2}}{2}:\text{EF}=2:1:\sqrt{3}$

よって，$\text{EF}=\dfrac{3\sqrt{6}}{2}$

ここで，$|\overrightarrow{\text{EF}}|=t|\vec{n}|$, $|\vec{n}|=1$ だから

$\quad t=|\overrightarrow{\text{EF}}|=\text{EF}=\dfrac{3\sqrt{6}}{2}\left(=\dfrac{\boxed{け}\sqrt{\boxed{こ}}}{\boxed{さ}}\right)$

> 正四角錐であることに気がつけば，あとは正四角錐 F−ABDC の体積ですね。

> はい。では，体積は底面が正方形 ABDC，高さ EF の正四角錐だから，
> $\quad V=\dfrac{1}{3}\cdot 3\times 3\cdot\dfrac{3\sqrt{6}}{2}=\dfrac{9\sqrt{6}}{2}\left(=\dfrac{\boxed{し}\sqrt{\boxed{す}}}{\boxed{せ}}\right)$

問題 26　でる順に攻める！

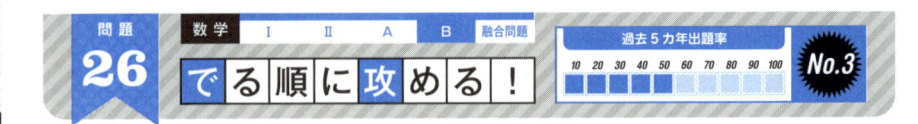

数学 Ⅰ Ⅱ A B 融合問題　**No.3**

過去5カ年出題率 10 20 30 40 50 60 70 80 90 100

基本問題　　空間ベクトルと内積

空間の3点 A(1, 1, 1), B(0, 0, 4), C(2, 0, 3) を考える．このとき，ベクトル $\overrightarrow{AB}$, $\overrightarrow{AC}$ の内積を求めると，$\overrightarrow{AB} \cdot \overrightarrow{AC} = $ あ である．大きさが $\sqrt{30}$ のベクトル $\vec{v} = (a, b, c)$ が三角形 ABC の面と垂直になるように a, b, c を求めると，$a = $ い，$b = $ う，$c = $ え である．$(a \geq 0)$

（明治薬科大学）

Mats: 最初は内積だね．

$$\overrightarrow{AB} = \overrightarrow{OB} - \overrightarrow{OA} = \begin{pmatrix} -1 \\ -1 \\ 3 \end{pmatrix}, \quad \overrightarrow{AC} = \overrightarrow{OC} - \overrightarrow{OA} = \begin{pmatrix} 1 \\ -1 \\ 2 \end{pmatrix}$$

を求めてから一挙に解こう！

Kana: はい．公式で一挙にいきます！

$$\overrightarrow{AB} \cdot \overrightarrow{AC} = \begin{pmatrix} -1 \\ -1 \\ 3 \end{pmatrix} \cdot \begin{pmatrix} 1 \\ -1 \\ 2 \end{pmatrix} = -1 + 1 + 6 = 6 \ (= \boxed{\text{あ}})$$

Mats: 次は，"大きさが $\sqrt{30}$ のベクトル $\vec{v} = (a, b, c)$ が三角形 ABC の面と垂直になるように a, b, c を求める"だから，図化して理解しよう！

右図から
$$\begin{cases} \overrightarrow{AB} \cdot \vec{v} = 0 \\ \overrightarrow{AC} \cdot \vec{v} = 0 \end{cases} \Longleftrightarrow \begin{cases} \begin{pmatrix} -1 \\ -1 \\ 3 \end{pmatrix} \cdot \begin{pmatrix} a \\ b \\ c \end{pmatrix} = 0 \\ \begin{pmatrix} 1 \\ -1 \\ 2 \end{pmatrix} \cdot \begin{pmatrix} a \\ b \\ c \end{pmatrix} = 0 \end{cases}$$

$$\iff \begin{cases} -a-b+3c=0 & \cdots ① \\ a-b+2c=0 & \cdots ② \end{cases}$$

かつ，$|\vec{v}|=\sqrt{30} \iff a^2+b^2+c^2=30 \quad \cdots ③$

①，②から b, c を a で表すと $\begin{cases} b=5a \\ c=2a \end{cases}$

③に代入すると $a^2+(5a)^2+(2a)^2=30$, $a \geq 0$

以上より，$a=1$ ($=$ い)，$b=5$ ($=$ う)，$c=2$ ($=$ え)

Kana: 松井先生，図から判断して外積 $\vec{v}=\overrightarrow{AB} \times \overrightarrow{AC}$ を考えてもいいですか？

Mats: おっ！気が付きましたね！是非，外積を使って解いてみてください！

Kana: はい。$\overrightarrow{AB}=(-1, -1, 3)$, $\overrightarrow{AC}=(1, -1, 2)$ のとき

$\overrightarrow{AB} \times \overrightarrow{AC}=(1, 5, 2) \iff |\overrightarrow{AB} \times \overrightarrow{AC}|=\sqrt{30}$

$\vec{v}$ の大きさは $\sqrt{30}$ だから一致する。

よって，$\vec{v}=(1, 5, 2)$

Mats: かなりコンパクトに解けましたね！納得ですね！

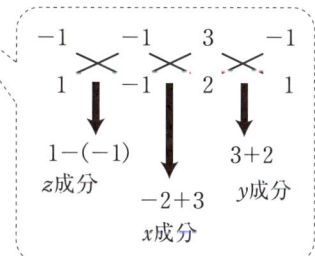

$\begin{matrix} -1 & -1 & 3 & -1 \\ 1 & -1 & 2 & 1 \end{matrix}$

$1-(-1)$ $-2+3$ $3+2$
z成分 x成分 y成分

問題 27 空間ベクトルと内積

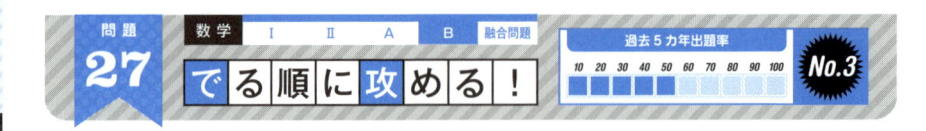

練習問題

空間ベクトル $\vec{a}=(2, 1, -2)$, $\vec{b}=(3, -2, 6)$ に対して, $\vec{c}=t\vec{a}+\vec{b}$ (t は実数) とする.

(a) $|\vec{c}|$ の最小値は $\boxed{\text{あ}}$ である.

(b) $\vec{c}$ が $\vec{a}$ と $\vec{b}$ のなす角を2等分するとき, $t=\boxed{\text{い}}$ である.

(名城大学薬学部)

Mats: (a)は $\vec{c}$ の成分表示を利用しても, $|\vec{c}|^2=\vec{c}\cdot\vec{c}$ を利用してもいいですよ。カナさんはどちらを利用しますか？

Kana: $|\vec{c}|^2=\vec{c}\cdot\vec{c}$ にします。

$$|\vec{a}|^2=9, \quad |\vec{b}|^2=49, \quad \vec{a}\cdot\vec{b}=\begin{pmatrix}2\\1\\-2\end{pmatrix}\cdot\begin{pmatrix}3\\-2\\6\end{pmatrix}=-8$$

だから

$$|\vec{c}|^2=(t\vec{a}+\vec{b})\cdot(t\vec{a}+\vec{b})$$

$$=t^2|\vec{a}|^2+2t\vec{a}\cdot\vec{b}+|\vec{b}|^2$$

$$=9t^2-16t+49$$

$$=9\left(t^2-\frac{16}{9}t\right)+49$$

$$=9\left\{\left(t-\frac{8}{9}\right)^2-\left(\frac{8}{9}\right)^2\right\}+49$$

$$= 9\left(t - \frac{8}{9}\right)^2 + \frac{377}{9} \geqq \frac{377}{9}$$

ここで，$|\vec{c}| \geqq 0$ だから

$$|\vec{c}| \geqq \frac{\sqrt{377}}{3} \quad \left(\text{等号成立 } t = \frac{8}{9} \text{ のとき}\right)$$

$$\min\{|\vec{c}|\} = \frac{\sqrt{377}}{3} \quad (= \boxed{\text{あ}})$$

(b)は "$\vec{c}$ が $\vec{a}$ と $\vec{b}$ のなす角を2等分する" から∠AOB の二等分線を表すベクトルの公式を利用しよう！

CHECK 線分 OP が∠AOB の二等分線のとき，∠AOB の二等分線を表すベクトルを $\overrightarrow{OP}$ とすると，

$$\overrightarrow{OP} = s\left(\frac{\overrightarrow{OA}}{|\overrightarrow{OA}|} + \frac{\overrightarrow{OB}}{|\overrightarrow{OB}|}\right) \quad (s \text{ は実数})$$

$$\vec{c} = s\left(\frac{\vec{a}}{|\vec{a}|} + \frac{\vec{b}}{|\vec{b}|}\right) = s\left(\frac{\vec{a}}{3} + \frac{\vec{b}}{7}\right) = \frac{7s\vec{a} + 3s\vec{b}}{21}$$

$$= \frac{10s}{21} \cdot \frac{7\vec{a} + 3\vec{b}}{3 + 7}$$

$$= s' \cdot \frac{7\vec{a} + 3\vec{b}}{3 + 7}$$

$$= \frac{7s'}{10}\vec{a} + \frac{3s'}{10}\vec{b} \quad \cdots ①$$

$\vec{c} = t\vec{a} + \vec{b} \quad \cdots ②$

①，②より，$\vec{a} \neq \vec{0}$，$\vec{b} \neq \vec{0}$，$\vec{a}$ と $\vec{b}$ は平行ではないから

$$\begin{cases} \dfrac{7}{10}s' = t \\ \dfrac{3}{10}s' = 1 \end{cases} \iff \begin{cases} t = \dfrac{7}{10}s' = \dfrac{7}{3} \quad (= \boxed{\text{い}}) \\ s' = \dfrac{10}{3} \end{cases}$$

第 I 章

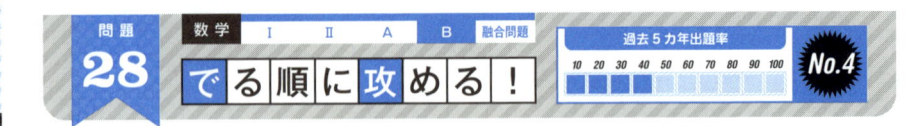

問題 28 でる順に攻める！

数学 I II A B 融合問題　過去5カ年出題率 No.4

基本問題　　平面ベクトルと図形

$0<t<1$ とする．三角形 OAB において，辺 OA を $t:(1-t)$ に内分する点を C，辺 OB を $(1-t):t$ に内分する点を D とする．また線分 AD と線分 BC の交点を E とする．このとき，

(1) $\overrightarrow{OE}=\boxed{\text{ア}}\overrightarrow{OA}+\boxed{\text{イ}}\overrightarrow{OB}$ である．

(2) 三角形 OAB の面積 S，三角形 EAB の面積を S' としたとき $S'=\boxed{\text{ウ}}S$ である．

（神戸薬科大学）

図形の理解から始めましょう！"三角形 OAB において，辺 OA を $t:(1-t)$ に内分する点を C，辺 OB を $(1-t):t$ に内分する点を D とする。また，線分 AD と線分 BC の交点を E とする"

直線 OE と AB の交点を F とする。

チェバの定理より，

$$\frac{t}{1-t}\cdot\frac{AF}{FB}\cdot\frac{t}{1-t}=1$$

$\iff AF:FB=(1-t)^2:t^2$

$$\frac{t}{1-t}\cdot\frac{(1-t)^2+t^2}{t^2}\cdot\frac{EF}{OE}=1$$

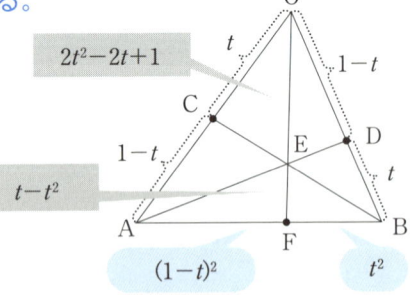

$\iff OE:EF=\{(1-t)^2+t^2\}:t(1-t)=(2t^2-2t+1):(t-t^2)$

点 F は AB を $(1-t)^2:t^2$ に内分する点だから

$$\overrightarrow{OF}=\frac{t^2\overrightarrow{OA}+(1-t)^2\overrightarrow{OB}}{(t^2-2t+1)+t^2}=\frac{t^2}{2t^2-2t+1}\overrightarrow{OA}+\frac{t^2-2t+1}{2t^2-2t+1}\overrightarrow{OB}$$

点 E は OF を $2t^2-2t+1 : t-t^2$ に内分する点，だから

$$\overrightarrow{OE} = \frac{2t^2-2t+1}{(2t^2-2t+1)+(t-t^2)}\overrightarrow{OF}$$

$$= \frac{2t^2-2t+1}{t^2-t+1}\left(\frac{t^2}{2t^2-2t+1}\overrightarrow{OA} + \frac{t^2-2t+1}{2t^2-2t+1}\overrightarrow{OB}\right)$$

$$= \frac{t^2}{t^2-t+1}\overrightarrow{OA} + \frac{t^2-2t+1}{t^2-t+1}\overrightarrow{OB}$$

$$\left(= \boxed{\text{ア}}\overrightarrow{OA} + \boxed{\text{イ}}\overrightarrow{OB}\right)$$

🧑 Kana：ベクトルというよりも，平面幾何を利用しているようです。次の面積も幾何の利用ですか？

🧑 Mats：その通りです！最後も平面幾何で行きましょう！

三角形 OAB の面積 S，

三角形 EAB の面積を S'

とするから，

$S : S' = $ OF : EF

　　　$= (t^2-t+1) : (t-t^2)$

$\iff S' = \dfrac{t-t^2}{t^2-t+1}S \ \left(= \boxed{\text{ウ}} S\right)$

底辺 AB は共通

問題 29 平面ベクトルと内積

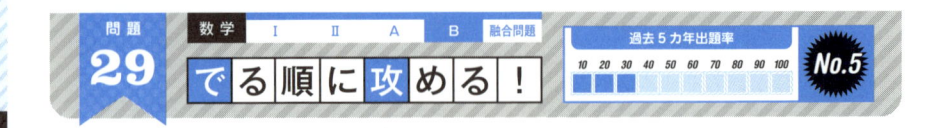

基本問題

$|\vec{a}|=|\vec{b}|=1$, $|3\vec{a}+\vec{b}|=\sqrt{13}$ のとき $\vec{a}\cdot\vec{b}=\dfrac{\boxed{ア}}{\boxed{イ}}$ である．このとき，$|\vec{a}+t\vec{b}|^2=kt$ $(t>0)$ を満たす t が存在するならば，k の最小値は $\boxed{ウ}$ である．

（星薬科大学）

ベクトルの性質に着目して解いていこう！

CHECK $|\vec{a}|^2=\vec{a}\cdot\vec{a}$

はい！わかりました．与えられた条件について考えてみます．

$|\vec{a}|^2=\vec{a}\cdot\vec{a}=1$, $|\vec{b}|^2=\vec{b}\cdot\vec{b}=1$

$|3\vec{a}+\vec{b}|^2=(3\vec{a}+\vec{b})\cdot(3\vec{a}+\vec{b})$

$=9\vec{a}\cdot\vec{a}+6\vec{a}\cdot\vec{b}+\vec{b}\cdot\vec{b}$

$=9|\vec{a}|^2+6\vec{a}\cdot\vec{b}+|\vec{b}|^2$

$=9+6\vec{a}\cdot\vec{b}+1$

$=10+6\vec{a}\cdot\vec{b}$

ここで，$|3\vec{a}+\vec{b}|^2=\sqrt{13}^2=13$ だから

$10+6\vec{a}\cdot\vec{b}=13 \iff \vec{a}\cdot\vec{b}=\dfrac{1}{2}\ \left(=\dfrac{\boxed{ア}}{\boxed{イ}}\right)$

"$|\vec{a}+t\vec{b}|^2=kt$ ($t>0$) を満たす t が存在する" から方程式を整理すると，

$$(\vec{a}+t\vec{b})\cdot(\vec{a}+t\vec{b})=kt$$

$$\iff |\vec{a}|^2+2t\vec{a}\cdot\vec{b}+t^2|\vec{b}|^2=kt$$

$$\iff t^2-(k-1)t+1=0 \quad \cdots ①$$

ここで 2 次方程式①が正の解を持つから，

2 つの解を α, β (>0) とすると，

$$\begin{cases} 判別式\ D\geq 0 \iff (k-1)^2-4\geq 0 \iff k\leq -1,\ k\geq 3 \\ \alpha+\beta=k-1>0 \iff k>1 \\ \alpha\beta=1>0 \end{cases}$$

これらを同時に満たす範囲は，$k\geq 3$

よって，$\min\{k\}=3$ （= ウ ）

第 I 章 でる順に攻める！[直前チェック＆短期間完成]

問題 30　でる順に攻める！

練習問題　　平面ベクトルと内積

$\vec{a}, \vec{b}$ は大きさが 1 のベクトルで，2 つのベクトル $-3\vec{a}+2\vec{b}, \vec{a}+4\vec{b}$ は垂直である．

(1) $\vec{a}$ と $\vec{b}$ のなす角を θ とすると，$\cos\theta = \dfrac{\text{ア}}{\text{イ}}$ である．

(2) $\vec{a}+\vec{b}$ の大きさは $\sqrt{\text{ウ}}$ である．

(3) $\vec{p}$ が大きさ 1 のベクトルのとき，内積 $(\vec{p}-\vec{a})\cdot(\vec{p}-\vec{b})$ の最大値は $\dfrac{\text{エオ}}{\text{カ}}+\sqrt{\text{キ}}$ であり，最小値は $\dfrac{\text{クケ}}{\text{コ}}-\sqrt{\text{サ}}$ である．

（東京薬科大学・男子部）

読解，読解！問題文から条件を読み解こう！

"$\vec{a}, \vec{b}$ は大きさが 1 のベクトル" から

$|\vec{a}|=|\vec{b}|=1 \iff |\vec{a}|^2=\vec{a}\cdot\vec{a}=1, \ |\vec{b}|^2=\vec{b}\cdot\vec{b}=1$

"2 つのベクトル $-3\vec{a}+2\vec{b}, \vec{a}+4\vec{b}$ は垂直" だから

$(-3\vec{a}+2\vec{b})\cdot(\vec{a}+4\vec{b})=0$

$\iff -3\vec{a}\cdot\vec{a}-12\vec{a}\cdot\vec{b}+2\vec{a}\cdot\vec{b}+8\vec{b}\cdot\vec{b}=0$

$\iff -3-10\vec{a}\cdot\vec{b}+8=0 \iff \vec{a}\cdot\vec{b}=\dfrac{1}{2}$

CHECK　$\vec{a}\perp\vec{b} \iff \vec{a}\cdot\vec{b}=0$

CHECK $\vec{a}\cdot\vec{b}=|\vec{a}||\vec{b}|\cos\theta \iff \cos\theta=\dfrac{\vec{a}\cdot\vec{b}}{|\vec{a}||\vec{b}|}$

$$\cos\theta=\dfrac{\vec{a}\cdot\vec{b}}{|\vec{a}||\vec{b}|}=\dfrac{\frac{1}{2}}{1\cdot 1}=\dfrac{1}{2}\ \left(=\dfrac{\boxed{ア}}{\boxed{イ}}\right)$$

続けて(2)へゴー！

"$\vec{a}+\vec{b}$ の大きさ" つまり $|\vec{a}+\vec{b}|\geq 0$ だから

$$|\vec{a}+\vec{b}|^2=(\vec{a}+\vec{b})\cdot(\vec{a}+\vec{b})$$
$$=\vec{a}\cdot\vec{a}+2\vec{a}\cdot\vec{b}+\vec{b}\cdot\vec{b}$$
$$=1+1+1=3$$

CHECK $|\vec{a}|^2=\vec{a}\cdot\vec{a}$

よって，$|\vec{a}+\vec{b}|=\sqrt{3}\ (=\sqrt{\boxed{ウ}}\ )$

さて，最後の設問です。果敢にアタックしていこう！

(3) "$\vec{p}$ が大きさ 1 のベクトル" $\iff |\vec{p}|=1$

"内積 $(\vec{p}-\vec{a})\cdot(\vec{p}-\vec{b})$ の最大値" だから

$$(\vec{p}-\vec{a})\cdot(\vec{p}-\vec{b})=\vec{p}\cdot\vec{p}-\vec{p}\cdot\vec{b}-\vec{p}\cdot\vec{a}+\vec{a}\cdot\vec{b}$$
$$=|\vec{p}|^2-\vec{p}\cdot(\vec{a}+\vec{b})+\vec{a}\cdot\vec{b}$$
$$=1-\vec{p}\cdot(\vec{a}+\vec{b})+\dfrac{1}{2}$$
$$=\dfrac{3}{2}-\vec{p}\cdot(\vec{a}+\vec{b})$$

ここで，内積 $\vec{p}\cdot(\vec{a}+\vec{b})$ について $|\vec{p}|=1$，$|\vec{a}+\vec{b}|=\sqrt{3}$，$\vec{p}$ と $\vec{a}+\vec{b}$ のなす角 φ とすると，

$$\vec{p}\cdot(\vec{a}+\vec{b})=|\vec{p}||\vec{a}+\vec{b}|\cos\varphi=1\cdot\sqrt{3}\cdot\cos\varphi=\sqrt{3}\cos\varphi$$

ここで，$-1 \leqq \cos \varphi \leqq 1$ だから

$-\sqrt{3} \leqq \sqrt{3} \cos \varphi \leqq \sqrt{3}$

$\iff -\sqrt{3} \leqq \vec{p} \cdot (\vec{a}+\vec{b}) \leqq \sqrt{3}$

$\iff \dfrac{3}{2}+\sqrt{3} \geqq \dfrac{3}{2}-\vec{p} \cdot (\vec{a}+\vec{b}) \geqq \dfrac{3}{2}-\sqrt{3}$

よって $\dfrac{3}{2}-\sqrt{3} \ \left(= \dfrac{\boxed{クケ}}{\boxed{コ}} - \sqrt{\boxed{サ}}\right),$

$\dfrac{3}{2}+\sqrt{3} \ \left(= \dfrac{\boxed{エオ}}{\boxed{カ}} + \sqrt{\boxed{キ}}\right)$

問題 31 でる順に攻める！

数学 I II A B 融合問題

基本問題 — 数列の和

n が正の整数のとき，$1+3+5+\cdots+(2n-1)=\boxed{\text{ア}}$ である．

（神戸薬科大学）

Mats: 数列の和ですね。基本中の基本です。この問題にさらに $+\alpha$ をしていきましょう！

Kana: わかりました！では，最初に自然数の和です。

CHECK
$$1+2+3+\cdots+n=\sum_{k=1}^{n}k=\frac{n(1+n)}{2}$$

初項が 1，公差 1，項数 n の等差数列の和です．

Kana: 次は，正の偶数の和です。

CHECK
$$2+4+6+\cdots+2n=\sum_{k=1}^{n}2k=\frac{n(2+2n)}{2}=n(1+n)$$

初項が 2，公差 2，項数 n の等差数列の和です．

Kana: そして，正の奇数の和です。

CHECK
$$1+3+5+\cdots+(2n-1)=\sum_{k=1}^{n}(2k-1)$$
$$=\frac{n\{1+(2n-1)\}}{2}=n^2$$

初項が 1，公差 2，項数 n の等差数列の和です．　　　$\boxed{\text{ア}}$

第 I 章

Mats: もっと，もっとパワーアップしましょう！

Kana: それでは，『2つの連続する自然数の積の和』。

CHECK
$$1\cdot 2+2\cdot 3\cdots +n(n+1)=\sum_{k=1}^{n}k(k+1)=\frac{n(n+1)(n+2)}{3}$$

（3つの連続する自然数の積）

この公式は $k(k+1)=\dfrac{k(k+1)(k+2)}{3}-\dfrac{(k-1)k(k+1)}{3}$ と考えて

$$\sum_{k=1}^{n}k(k+1)=\sum_{k=1}^{n}\left\{\frac{k(k+1)(k+2)}{3}-\frac{(k-1)k(k+1)}{3}\right\}$$

$$=\frac{1(1+1)(1+2)}{3}-\frac{(1-1)\cdot 1\cdot (1+1)}{3}$$

$$+\frac{2(2+1)(2+2)}{3}-\frac{(2-1)\cdot 2\cdot (2+1)}{3}$$

$$+\frac{3(3+1)(3+2)}{3}-\frac{(3-1)\cdot 3\cdot (3+1)}{3}$$

$$\vdots \qquad \vdots$$

$$+\frac{(n-1)n(n+1)}{3}-\frac{(n-2)(n-1)n}{3}$$

$$+\frac{n(n+1)(n+2)}{3}-\frac{(n-1)n(n+1)}{3}$$

$$=\frac{n(n+1)(n+2)}{3}$$

から求めることができます。

Mats: 最後に，『3つの連続する自然数の積の和』について整理すると，

CHECK
$$1\cdot 2\cdot 3+\cdots +n(n+1)(n+2)=\sum_{k=1}^{n}k(k+1)(k+2)$$
$$=\frac{n(n+1)(n+2)(n+3)}{4}$$

（4つの連続する自然数の積）

となります。

問題 32 でる順に攻める！ 数学 I II A B 融合問題

練習問題 — 群数列

次の数列において，第101項は $\boxed{\text{ア}}$ であり，また，第 $\boxed{\text{イ}}$ 項に初めて $\dfrac{11}{25}$ が現れる．

$$\dfrac{1}{1},\ \dfrac{1}{3},\ \dfrac{2}{2},\ \dfrac{3}{1},\ \dfrac{1}{5},\ \dfrac{2}{4},\ \dfrac{3}{3},\ \dfrac{4}{2},\ \dfrac{5}{1},\ \dfrac{1}{7},\ \dfrac{2}{6},\ \dfrac{3}{5},\ \dfrac{4}{4},\ \cdots\cdots$$

（神戸薬科大学）

この数列はある特性を持った群からなる数列ですね。よく見ると

$$\left\{\dfrac{1}{1}\right\},\ \left\{\dfrac{1}{3},\ \dfrac{2}{2},\ \dfrac{3}{1}\right\},\ \left\{\dfrac{1}{5},\ \dfrac{2}{4},\ \dfrac{3}{3},\ \dfrac{4}{2},\ \dfrac{5}{1}\right\},\ \cdots$$ となっていますね。

これを群として考えると

第1群 $\dfrac{1}{1}$ （項数1）　末項は数列全体の初項から1番目

第2群 $\dfrac{1}{3},\ \dfrac{2}{2},\ \dfrac{3}{1}$ （項数3）　末項は数列全体の初項から $(1+3)$ 項目

第3群 $\dfrac{1}{5},\ \dfrac{2}{4},\ \dfrac{3}{3},\ \dfrac{4}{2},\ \dfrac{5}{1}$ （項数5）　末項は数列全体の初項から $(1+3+5)$ 項目

これから，第 $(n-1)$ 群は項数 $(2n-3)$ だから，末項は全体の初項から

$$1+3+5+\cdots+(2n-3)=\sum_{k=1}^{n-1}(2k-1)=(n-1)^2 \text{ 項目。}$$

項数 $2n-1$

第 n 群　$\underbrace{\dfrac{1}{2n-1}},\ \dfrac{2}{2n-3},\ \cdots\cdots,\ \dfrac{n-1}{2},\ \underbrace{\dfrac{n}{1}}$

全体の初項から n^2-2n+2 項目　　　全体の初項から n^2 項目

第 n 群について一般化しておくことが大切です。

そうすれば，第 10 群の末項が数列全体の $10^2=100$ 項目だから，第 11 群の初項は 101 項目。第 11 群の初項は $\dfrac{1}{2\cdot 11-1}=\dfrac{1}{21}$

$(=\boxed{\text{ア}})$

第 n 群の考え方を大活用ですね！続けていきましょう！

$\dfrac{11}{25}$ が現れる群の最初の項は，$\dfrac{11-10}{25+10}=\dfrac{1}{35}=\dfrac{1}{2\cdot 18-1}$

$\iff \dfrac{11}{25}$ は，第 18 群の 11 番目。

第 18 群の初項 $\dfrac{1}{35}$ は，数列全体の初項から $18^2-2\cdot 18+2=290$ 項目。

第 18 群の 11 番目 $\dfrac{11}{25}$ は，$290+(11-1)=300$ 項目（＝第 $\boxed{\text{イ}}$ 項）

となります。

私大薬学部の対策編

数学Ⅰ/Ⅱ/A/B/融合問題

第Ⅱ章

でる順に攻める！
[さらにパワーアップ]

第 II 章 でる順に攻める！[さらにパワーアップ]

問題 1 数学 I II A B 融合問題 でる順に攻める！ No.1

演習問題 — 指数・対数関数

k を正の定数，$a = \log_{10} 2$，$b = \log_{10} 3$ とし，また，2 つの関数 $f(x)$，$g(x)$ を $f(x) = 1 - \left(\dfrac{1}{10}\right)^x$，$g(x) = 1 - \left(\dfrac{1}{10^k}\right)^x$ によって定める．このとき，次の (1)，(2) について，(1) の文中の □ の中に入れるべき適当な数または式を，(2) は解答の過程と答えをそれぞれ記入せよ．

(1) まず，関数 $f(x)$ について，$f(0)$，$f(2)$ の値は $f(0) = \boxed{\text{ア}}$，$f(2) = \boxed{\text{イ}}$ である．また，$f(b)$，$f(b-a)$ の値は $f(b) = \boxed{\text{ウ}}$，$f(b-2) = \boxed{\text{エ}}$ である．次に，関数 $g(x)$ については，k を含むような x の 1 次式 $\boxed{\text{オ}}$ を用いて $1 - g(x) = 10^{\boxed{\text{オ}}}$ と表されることから，$\log_{10}(1 - g(x)) = \boxed{\text{オ}}$ …① となる．いま，$g(3) = \dfrac{1}{6}$ …② であるとすると，② を ① に代入することにより，k は a，b を用いて，$k = \boxed{\text{カ}}$ と表される．

(2) $g(3) = \dfrac{1}{6}$ であるとき，$g(6)$ の値を求めよ．ただし，解答の過程に関して，(1) で求めた結果はそのまま用いてよい．

(新潟薬科大学)

Let's Attack! 松井先生の解答・解説

(1) $a = \log_{10} 2$，$b = \log_{10} 3$ …③ とする。

関数 $f(x) = 1 - \left(\dfrac{1}{10}\right)^x$ について，

$f(0) = 1 - \left(\dfrac{1}{10}\right)^0 = 0 \;\; (= \boxed{\text{ア}})$

$$f(2)=1-\left(\frac{1}{10}\right)^2=\frac{99}{100}\quad(=\boxed{\text{イ}})$$

③より，$10^a=10^{\log_{10}2}=2$

> $a^{\log_a M}=M$

$10^b=10^{\log_{10}3}=3\quad\cdots④$

$$f(b)=1-\left(\frac{1}{10}\right)^b=1-\frac{1}{3}=\frac{2}{3}\quad(=\boxed{\text{ウ}})$$

$$f(b-a)=1-\left(\frac{1}{10}\right)^{b-a}=1-\frac{10^a}{10^b}=1-\frac{2}{3}=\frac{1}{3}\quad(=\boxed{\text{エ}})$$

である。次に関数

> $a^{\log_a M}=M$

$$g(x)=1-\left(\frac{1}{10^k}\right)^x=1-10^{-kx}\iff 1-g(x)=10^{-kx}\ (=\boxed{\text{オ}})\text{ より}$$

$$\log_{10}(1-g(x))=\log_{10}10^{-kx}=-kx\quad(=\boxed{\text{オ}})\quad\cdots①$$

いま，$g(3)=\dfrac{1}{6}\quad\cdots②$

であるとすると，$x=3$を①に代入すれば

$-3k=\log_{10}(1-g(3))$

$=\log_{10}\left(1-\dfrac{1}{6}\right)=\log_{10}\dfrac{5}{6}$

$=\log_{10}\dfrac{10}{12}$

$=\log_{10}10-\log_{10}3\cdot 2^2$

$=1-\log_{10}3-2\log_{10}2$

$=1-b-2a\quad\cdots③$

$a>0,\ a\neq 1,\ M>0,\ N>0$

❶ $\log_a 1=0$

❷ $\log_a a=1$

❸ $\log_a MN=\log_a M+\log_a N$

❹ $\log_a\dfrac{M}{N}=\log_a M-\log_a N$

❺ $\log_a M^p=p\log_a M$（p は実数）

❻ $\log_a M=\dfrac{\log_b M}{\log_b a}$（$b>0,\ b\neq 1$）

❼ $a^{\log_a M}=M$

よって，$k=\dfrac{2}{3}a+\dfrac{1}{3}b-\dfrac{1}{3}\quad(=\boxed{\text{カ}})$

(2) $g(3)=\dfrac{1}{6}$ であるとき，(1)の結果より

$$g(6)=1-10^{-6k}=1-10^{2-2b-4a}$$

$$=1-\dfrac{10^2}{(10^b)^2(10^a)^4}=1-\dfrac{10^2}{3^2\cdot 2^4}=\dfrac{11}{36}$$

第 II 章 でる順に攻める！[さらにパワーアップ]

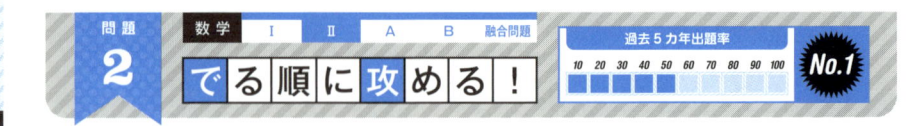

問題 2 でる順に攻める！ 数学 I II A B 融合問題 No.1

演習問題 — 常用対数

$A = 24^{12}$ とおく．ただし，$\log_{10} 2 = 0.30$，$\log_{10} 3 = 0.48$ とする．

このとき，$\log_{10} A$ の整数部分は ［アイ］ であり，小数第 1 位の数は ［ウ］，小数第 2 位の数は ［エ］ である．

これより A の値の範囲は，$10^{［オカ］} < A < 10^{［キク］}$

であることがわかる．したがって，A の桁数は ［ケコ］ である．

（神戸学院大学薬学部）

Let's Attack! 松井先生の解答・解説

$$\log_{10} A = \log_{10} 24^{12}$$

$$= 12(3\log_{10} 2 + \log_{10} 3)$$

$$= 12(3 \times 0.30 + 0.48)$$

$$= 16.56$$

よって，$\log_{10} A$ の整数部分は 16（＝［アイ］）

小数第 1 位の数は 5（＝［ウ］）

小数第 2 位の数は 6（＝［エ］）

である。これにより A の値の範囲は

$$10^{16} < A < 10^{16+1}$$

だから

$\quad 16\ (=\boxed{})$

$\quad 17\ (=\boxed{})$

よって，A の桁数は 17（$=\boxed{}$）である。

問題 3 でる順に攻める！

演習問題① 三角関数

次の記述の ☐ にあてはまる数または式を記入しなさい。

$A = 2\cos^2 x + 2\sqrt{3}\sin^2 x - (1+\sqrt{3})\sin 2x$ の右辺を $\sin x$, $\cos x$ の1次式の積の形で表すと ☐1 となる。$0 \leq x \leq \pi$ の範囲で $A=0$ を満たす x の値は ☐2 と ☐3 で，$0 \leq x \leq \pi$ の範囲で $A>0$ を満たす x の値は ☐4 と ☐5 である。

（帝京大学薬学部）

Let's Attack! 松井先生の解答・解説

$\sin 2x = 2\sin x \cos x$ だから ← $\sin x$, $\cos x$ の1次式の積の形で表す

$A = 2\cos^2 x + 2\sqrt{3}\sin^2 x - (1+\sqrt{3})\sin 2x$

$= 2\cos^2 x - 2(1+\sqrt{3})\sin x \cos x + 2\sqrt{3}\sin^2 x$

$= 2\{\sqrt{3}\sin^2 x - (1+\sqrt{3})\sin x \cos x + \cos^2 x\}$ ← 因数分解

$= 2(\sqrt{3}\sin x - \cos x)(\sin x - \cos x) =$ ☐1

ここで $A=0$ とおくと，

$2(\sqrt{3}\sin x - \cos x)(\sin x - \cos x) = 0$

(i) $\sqrt{3}\sin x - \cos x = 0$ のとき $\tan x = \dfrac{1}{\sqrt{3}}$

$0 \leq x \leq \pi$ より，$x = \dfrac{\pi}{6} =$ ☐2

(ii) $\sin x - \cos x = 0$ のとき $\tan x = 1$

$0 \leq x \leq \pi$ より, $x = \dfrac{\pi}{4} = \boxed{3}$

また, $A > 0$ とおくと,

$$(\sqrt{3}\sin x - \cos x)(\sin x - \cos x) > 0$$

ここで,

$x = \dfrac{\pi}{2}$ とおくと不等式は成立するから $x = \dfrac{\pi}{2}$ は含まれる。

$x \neq \dfrac{\pi}{2}$ のとき, 両辺を $\cos^2 x\ (>0)$ でわると

$$(\sqrt{3}\tan x - 1)(\tan x - 1) > 0 \iff \tan x < \dfrac{1}{\sqrt{3}},\ 1 < \tan x$$

ここで $0 \leq x \leq \pi$ より,

 i) $\tan x < \dfrac{1}{\sqrt{3}} \iff 0 \leq x < \dfrac{\pi}{6},\ \dfrac{\pi}{2} < x \leq \pi$

 ii) $1 < \tan x \iff \dfrac{\pi}{4} < x < \dfrac{\pi}{2}$

以上より,

$0 \leq x < \dfrac{\pi}{6},\ \dfrac{\pi}{4} < x \leq \pi$　$\boxed{4}$ と $\boxed{5}$

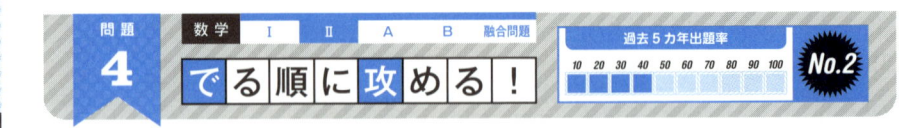

第 II 章 でる順に攻める！［さらにパワーアップ］

問題 4 でる順に攻める！ 数学 I II A B 融合問題

練習問題②　三角関数の最大・最小

AB を直径とする半径 1 の円周上に点 C があり，$\angle CAB = 60°$ である。直径 AB に関して C と反対側の円周上に点 D があり，$\angle DAB = \theta$ とする。ただし，D は A, B には一致しないものとする。

(1) AD の長さを $\sin\theta$, $\cos\theta$ を用いて表すと，

$$\boxed{ア}\sin\theta + \boxed{イ}\cos\theta \text{ となる。}$$

(2) $\sin\angle CAD = \dfrac{\boxed{ウ}}{\boxed{エ}}\sin\theta + \dfrac{\sqrt{\boxed{オ}}}{\boxed{カ}}\cos\theta$ となる。

(3) 三角形 ACD の面積 $S(\theta)$ を $\sin 2\theta$, $\cos 2\theta$ を用いて表すと，

$$S(\theta) = \dfrac{\boxed{キ}}{\boxed{ク}}\sin 2\theta + \dfrac{\sqrt{\boxed{ケ}}}{\boxed{コ}}\cos 2\theta + \dfrac{\sqrt{\boxed{サ}}}{\boxed{シ}} \text{ となる。}$$

(4) $S(\theta)$ が最大になるのは，$\theta = \boxed{スセ}$ のときで，最大値は $\dfrac{\boxed{ソ}}{\boxed{タ}} + \dfrac{\sqrt{\boxed{チ}}}{\boxed{ツ}}$ である。

（東京薬科大学・女子部）

Let's Attack! 松井先生の解答・解説

(1) $AB = 2$ であるから，$AD = 2\cos\theta\ \left(= \boxed{ア}\sin\theta + \boxed{イ}\cos\theta\right)$

(2) $\angle CAD = \theta + 60°$ より，

$$\sin(\theta + 60°) = \sin\theta\cos 60° + \cos\theta\sin 60°$$

$$= \dfrac{1}{2}\sin\theta + \dfrac{\sqrt{3}}{2}\cos\theta$$

$$\left(= \dfrac{\boxed{ウ}}{\boxed{エ}}\sin\theta + \dfrac{\sqrt{\boxed{オ}}}{\boxed{カ}}\cos\theta\right)$$

(3)　AC＝AB cos 60°＝1 より，

$$S(\theta) = \frac{1}{2} \cdot AD \cdot AC \sin(\theta + 60°)$$

$$= \frac{1}{2} \cdot 2\cos\theta \cdot 1$$

$$\cdot \left(\frac{1}{2}\sin\theta + \frac{\sqrt{3}}{2}\cos\theta \right)$$

$$= \frac{1}{2}\sin\theta\cos\theta + \frac{\sqrt{3}}{2}\cos^2\theta$$

$$= \frac{1}{2} \cdot \frac{\sin 2\theta}{2} + \frac{\sqrt{3}}{2} \cdot \frac{1+\cos 2\theta}{2}$$

$$= \frac{1}{4}\sin 2\theta + \frac{\sqrt{3}}{4}\cos 2\theta + \frac{\sqrt{3}}{4}$$

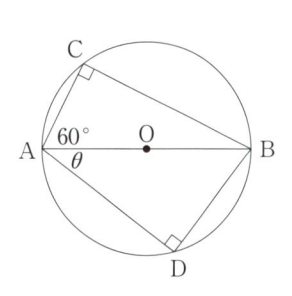

$$\left(= \frac{\boxed{キ}}{\boxed{ク}} \sin 2\theta + \frac{\sqrt{\boxed{ケ}}}{\boxed{コ}} \cos 2\theta + \frac{\sqrt{\boxed{サ}}}{\boxed{シ}} \right)$$

(4)　三角関数の合成公式より，

$$S(\theta) = \frac{1}{2}\sin(2\theta + 60°) + \frac{\sqrt{3}}{4}$$

ここで，$0° < \theta < 90° \iff 60° < 2\theta + 60° < 240°$ だから，

$2\theta + 60° = 90° \iff \theta = 15°\ (= \boxed{スセ})$ のとき，

$$\max\{S(\theta)\} = \frac{1}{2} + \frac{\sqrt{3}}{4} \left(= \frac{\boxed{ソ}}{\boxed{タ}} + \frac{\sqrt{\boxed{チ}}}{\boxed{ツ}} \right)$$

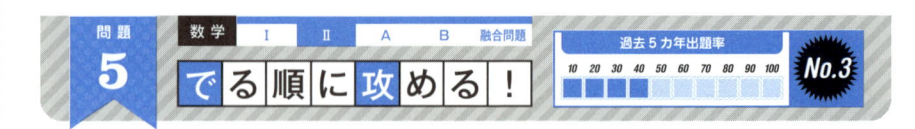

第Ⅱ章 でる順に攻める！［さらにパワーアップ］

問題 5　でる順に攻める！
数学 Ⅰ Ⅱ A B 融合問題　過去5カ年出題率　No.3

演習問題①　面積

曲線 $y=f(x)=|x^2+ax+b|$ …① は点 $(1, 0)$ を通り，点 $(2, f(2))$ における接線の傾きが 0 となる．

(i) このとき，$a=\boxed{\text{ア}\ \text{イ}}$，$b=\boxed{\text{ウ}\ \text{エ}}$ である．

(ii) 直線 $y=3$ と，①で囲まれた図形の面積は $\boxed{\text{エ}}$ である．

（武庫川女子大学薬学部）

Let's Attack!
松井先生の解答・解説

(i) 曲線①が点 $(1, 0)$ を通るとき，グラフの概形は下図(a), (b), (c)のいずれかとなる。

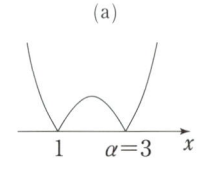

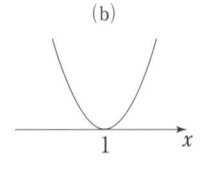

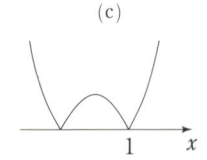

(a)　　(b)　　(c)

（図：x軸上に 1 と $\alpha=3$ を持つグラフ(a)，1 で接するグラフ(b)，1 と別点を持つグラフ(c)）

このとき，$x=2$ における曲線①の接線の傾きが 0 となるのは(a)の場合だけである．したがって，曲線①と x 軸との共有点のうち，点 $(1, 0)$ でない方を $(\alpha, 0)$ とおくと，曲線①が，直線 $x=2$ に関して対称であることに着目すれば，

$$\frac{1+\alpha}{2}=2 \iff \alpha=3$$

よって，

$$x^2+ax+b=(x-1)(x-3)=x^2-4x+3$$

$$\iff a=-4 \ (=\boxed{ア}\boxed{イ}), \ b=3 \ (=\boxed{ウ}\boxed{エ})$$

(ii) $|x^2-4x+3|=\begin{cases} x^2-4x+3 & (x\leq 1, \ x\geq 3) \\ -x^2+4x-3 & (1<x<3) \end{cases}$

であるから，$x\leq 1, \ x\geq 3$ において，曲線①と直線 $y=3$ の共有点の x 座標を求めると，

$$x^2-4x+3=3 \iff x(x-4)=0$$

$$\iff x=0, \ x=4$$

また，$-x^2+4x-3=-(x-2)^2+1<3$

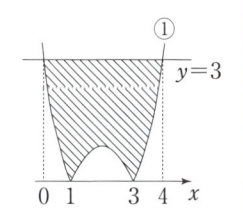

したがって，直線 $y=3$ と曲線①で囲まれた図形は上図の斜線部分。ここで，直線 $y=3$ と放物線 $y=x^2-4x+3$ で囲まれた面積を S_1，2つの放物線 $y=x^2-4x+3$ と $y=-x^2+4x-3$ で囲まれた図形の面積を S_2 とおくと，

$$S_1=\int_0^4 \{3-(x^2-4x+3)\}dx$$

$$=-\int_0^4 x(x-4)dx=-\frac{4^3}{-6}=\frac{32}{3}$$

$$S_2=\int_1^3 \{(-x^2+4x-3)-(x^2-4x+3)\}dx$$

$$=-2\int_1^3 (x-1)(x-3)dx=-2\frac{2^3}{-6}=\frac{8}{3}$$

よって求める面積は $S_1-S_2=\frac{32}{3}-\frac{8}{3}=8 \ (=\boxed{エ})$

問題 6

演習問題② 定積分で表された関数

$f(a) = \int_0^a (x-1)|x-2|dx$ とするとき，次の問いに答えよ．

(1) $a \geq 2$ のとき，$f(a)$ を a の多項式で表せ．

(2) $a \geq 0$ のとき，$f(a)$ の最小値を求めよ．

（福岡大学薬学部）

Let's Attack! 松井先生の解答・解説

(1) $g(x) = (x-1)|x-1|$ とおくと

$y = g(x)$ のグラフは

右図の通りで，$a \geq 2$ のとき，

$$f(a) = \int_0^a g(x)dx$$
$$= \int_0^2 \{-(x-1)(x-2)\}dx + \int_2^a (x-1)(x-2)dx$$
$$= -\left[\frac{x^3}{3} - \frac{3}{2}x^2 + 2x\right]_0^2 + \left[\frac{x^3}{3} - \frac{3}{2}x^2 + 2x\right]_2^a$$
$$= \frac{1}{3}a^3 - \frac{3}{2}a^2 + 2a - \frac{4}{3}$$

(2) $f'(a) = g(a)$ で，上のグラフより $f'(a)$ の符号は $a=1$ の前後でのみ負から正に変化し $f(a)$ はここで最小となる．

最小値は，

$$f(1) = \int_0^1 \{-(x-1)(x-2)\}dx = -\left[\frac{x^3}{3} - \frac{3}{2}x^2 + 2x\right]_0^1 = -\frac{5}{6}$$

問題 7 でる順に攻める！ No.3

演習問題③　放物線と直線，面積

xy 平面において，2つの放物線 $y=x^2+ax$，$y=x^2-2ax$，およびこの2つの放物線と接する直線 l がある。ただし，a は正の定数とする．

(1) l の方程式は，$y = \dfrac{\boxed{1}\ \boxed{2}}{\boxed{3}}ax - \dfrac{\boxed{4}}{\boxed{5}\ \boxed{6}}a^2$ である．

(2) この2つの放物線と接線 l で囲まれる図形の面積 S を a の式で表すと，

$$S = \dfrac{\boxed{7}}{\boxed{8}\ \boxed{9}}a^{\boxed{10}}$$

である．

（慶應義塾大学薬学部）

Let's Attack!
松井先生の解答・解説

$C_1 : y=f(x)=x^2+ax$，$C_2 : y=g(x)=x^2-2ax$ とする。

(1) C_1 上の接点 $P(t,\ t^2+at)$ とおくと，接線の傾き $f'(t)=2t+a$

接線 $l : y-(t^2+at)=(2t+a)(x-t)$

　　$\iff l : y=(2t+a)x-t^2$　…①

C_2 と l は接するから

　　　曲線 $y=f(x)$ 上の点 $(t,\ f(t))$ における接線方程式　$y-f(t)=f'(t)(x-t)$

$x^2-2ax=(2t+a)x-t^2 \iff x^2-(3a+2t)x+t^2=0$　…②

これは重解を持つので，判別式 $D=(3a+2t)^2+4t^2=0$

　　$\iff 3a(3a+4t)=0 \iff t=-\dfrac{3}{4}a$　…③　$(a>0)$

また，C_2 と l の接点を Q とすると，③を②に代入すると，

$$x^2 - \left(3a - \frac{3}{2}a\right)x + \left(\frac{3}{4}a\right)^2 = 0$$

$$\iff x^2 - 2\left(\frac{3}{4}a\right)x + \left(\frac{3}{4}a\right)^2 = 0$$

$$\iff x = \frac{3}{4}a$$

これは C_2 と l の接点 Q の x 座標を表す．

③を①に代入して $y = \left(-\frac{3}{2}a + a\right)x - \frac{9}{16}a^2$

よって，l の方程式は

$$y = -\frac{1}{2}ax - \frac{9}{16}a^2 \left(= \frac{\boxed{1}\,\boxed{2}}{\boxed{3}}ax - \frac{\boxed{4}}{\boxed{5}\,\boxed{6}}a^2 \right)$$

(2) 求める面積 S は，

$$S = \frac{|1|\left\{\frac{3}{4}a - \left(-\frac{3}{4}a\right)\right\}^3}{12} = \frac{9}{32}a^3 \left(= \frac{\boxed{7}}{\boxed{8}\,\boxed{9}}a^{\boxed{10}} \right)$$

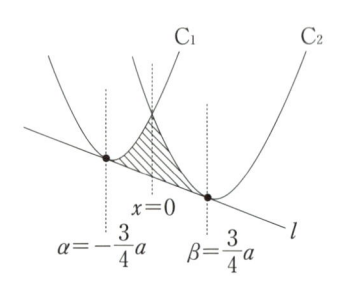

$C_1 : y = ax^2 + b_1 x + c_1$，$C_2 : y = ax^2 + b_2 x + c_2$
$(a \neq 0)$

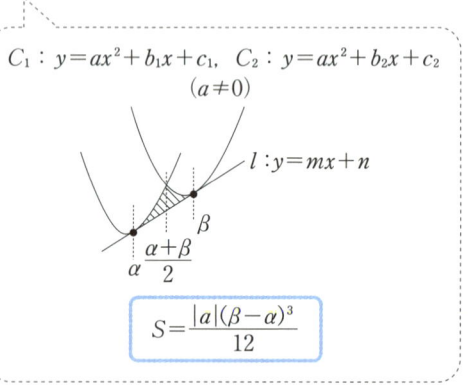

$l : y = mx + n$

$$S = \frac{|a|(\beta - \alpha)^3}{12}$$

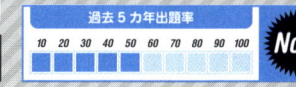

問題 8 でる順に攻める！ No.4

演習問題❸ 　微分法の方程式への応用

関数 $f(x)=3x^2-2x+1$ の１つの不定積分 $F(x)$ が，$f(x)$ の導関数 $f'(x)$ を使って，$(ax^2+bx+c)f'(x)$ に等しくなるとする．このとき，定数 $a,\ b,\ c$ の値は $a=\boxed{}$，$b=\boxed{}$，$c=\boxed{}$ であり，$F(x)$ は $F(x)=\boxed{}$ となる．

（明治薬科大学）

Let's Attack! 松井先生の解答・解説

$F(x)=\int f(x)dx$ より，

$F(x)=\int(3x^2-2x+1)dx=x^3-x^2+x+d$ （d は定数）となる。

また，$F(x)=(ax^2+bx+c)f'(x),\ f'(x)=6x-2$ だから，

$x^3-x^2+x+d=(ax^2+bx+c)(6x-2)$

$\iff x^3-x^2+x+d=6ax^3+(-2a+6b)x^2+(-2b+6c)x-2c$

係数を比較すると
$\begin{cases} 6a=1 \\ -2a+6b=-1 \\ -2b+6c=1 \\ -2c=d \end{cases}$
$\iff$
$\begin{cases} a=\dfrac{1}{6}=\boxed{} \\ b=-\dfrac{1}{9}=\boxed{} \\ c=\dfrac{7}{54}=\boxed{} \\ d=-\dfrac{7}{27}=\boxed{} \end{cases}$

よって，$F(x)=x^3-x^2+x-\dfrac{7}{27}=\boxed{}$

第 II 章 でる順に攻める！[さらにパワーアップ]

問題 9 でる順に攻める！
数学 I II A B 融合問題 No.5

演習問題① 円の方程式

2円 $x^2+y^2=4$ …①, $x^2-8x+y^2+4=0$ …②と点 $A(4, 4\sqrt{3})$ がある
とき，

(1) Aから円②に引いた接線の長さは ア である．

(2) 2円の共通部分の面積は $\dfrac{イウ}{エ}\pi - オ\sqrt{カ}$ である．

（昭和薬科大学）

Let's Attack! 松井先生の解答・解説

(1) $H(4, 0)$ とする。点 A から円②に引いた接線の接点のうち，x 座標の小さい方を点 D とする。

∠ADH＝90°だから三平方の定理より，

$AD = \sqrt{AH^2 - DH^2}$
$= \sqrt{(4\sqrt{3})^2 - (2\sqrt{3})^2} = 6 \ (= \boxed{ア})$

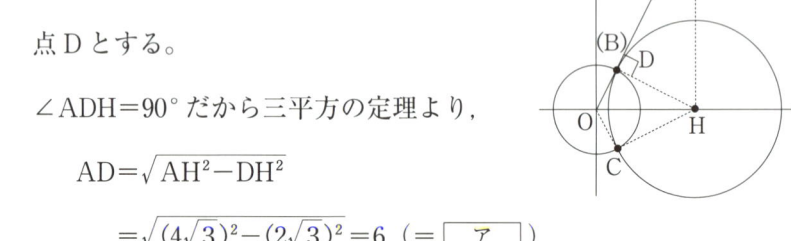

(2) ①，②より交点 $B(1, \sqrt{3})$, $C(1, -\sqrt{3})$ とする。（点 B は接点 D と一致する。）

∠BOH＝60°だから①の劣弧 BC と線分 BC で囲まれた部分の面積は，

$$S_1 = \pi \cdot 2^2 \cdot \frac{1}{3} - \frac{1 \cdot \sqrt{3}}{2} \times 2 = \frac{4}{3}\pi - \sqrt{3} \quad \cdots ③$$

また，∠BHO＝30°であるから，②の劣弧BCと線分BCで囲まれた部分の面積は，

$$S_2 = \pi(2\sqrt{3})^2 \cdot \frac{1}{6} - \frac{3\sqrt{3} \cdot 2}{2} = 2\pi - 3\sqrt{3} \quad \cdots ④$$

よって，2つの円の共通部分の面積は，

$$S_1 + S_2 = \frac{10}{3}\pi - 4\sqrt{3} \quad \left(= \frac{\boxed{イウ}}{\boxed{エ}}\pi - \boxed{オ}\sqrt{\boxed{カ}} \right)$$

第Ⅱ章 でる順に攻める！[さらにパワーアップ]

問題 10 でる順に攻める！ 数学 Ⅰ Ⅱ A B 融合問題 No.5

演習問題② 不等式と領域

次の連立不等式の表す領域を D とする．

$x^2+y^2\leq 4$, $y\leq\sqrt{3}x$, $y\geq 0$ を満たす点 (x, y) 全体の集合を D とする．

(1) 点 (x, y) が領域 D を動くとき，$x+y$ の最大値は $\boxed{ア}\sqrt{\boxed{イ}}$，最小値は $\boxed{ウ}$ である．

(2) D の面積は $\dfrac{\boxed{エ}}{\boxed{オ}}\pi$ である．

(3) 原点を通り D の面積を2等分する直線の方程式は $y=\dfrac{\sqrt{\boxed{カ}}}{\boxed{キ}}x$ である．

(4) D の $y\leq 1$ を満たす部分の面積は $\dfrac{\boxed{ク}}{\boxed{ケ}}\pi+\dfrac{\sqrt{\boxed{コ}}}{\boxed{サ}}$ である．

（近畿大学薬学部）

Let's Attack! 松井先生の解答・解説

(1) $D:\begin{cases} x^2+y^2\leq 4 \\ y\leq\sqrt{3}x \\ y\geq 0 \end{cases}$

領域 D は右図の斜線部．ただし，境界含む．

$x+y=k$（k は定数） …①とする。傾き -1 の直線の y 切片 k が最大になるときは，領域 D の円 $x^2+y^2=4$ の周と接するとき。その接

点は，$(\sqrt{2}, \sqrt{2})$ だから，

$$\max\{x+y\} = \sqrt{2} + \sqrt{2} = 2\sqrt{2} \quad (= \boxed{ア}\sqrt{\boxed{イ}})$$

また，k が最小になるのは，$(0, 0)$ を通るときだから，

$$\min\{x+y\} = 0 + 0 = 0 \quad (= \boxed{ウ})$$

(2) D は半径 2 の扇形で，その中心角は，x 軸と直線 $y=\sqrt{3}x$ のなす鋭角 $\dfrac{\pi}{3}$ である。よって，D の面積は $\dfrac{1}{2} \cdot 2^2 \cdot \dfrac{\pi}{3} = \dfrac{2}{3}\pi \left(= \dfrac{\boxed{エ}}{\boxed{オ}}\pi\right)$

(3) 原点を通り，D の面積を 2 等分する直線の方程式は，扇形 D の中心角を 2 等分する直線だから，

$$y = \left\{\tan\left(\dfrac{\pi}{3} \cdot \dfrac{1}{2}\right)\right\}x = \dfrac{\sqrt{3}}{3}x \left(= \dfrac{\sqrt{\boxed{カ}}}{\boxed{キ}}x\right)$$

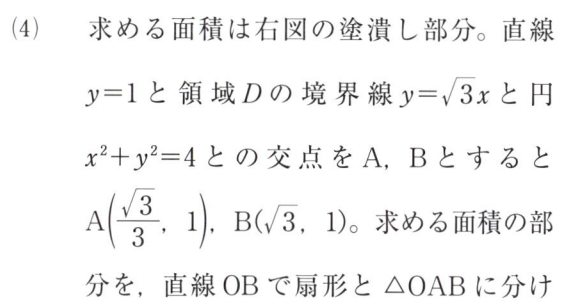

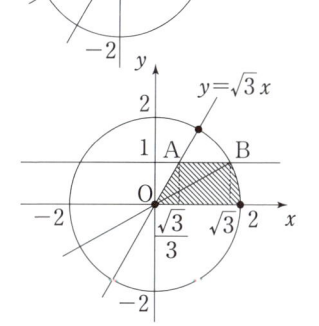

(4) 求める面積は右図の塗潰し部分。直線 $y=1$ と領域 D の境界線 $y=\sqrt{3}x$ と円 $x^2+y^2=4$ との交点を A，B とすると $A\left(\dfrac{\sqrt{3}}{3}, 1\right)$, $B(\sqrt{3}, 1)$。求める面積の部分を，直線 OB で扇形と △OAB に分けると B の座標から，直線 OB は(3)で求めた直線だから，扇形の部分の面積は D の面積の $\dfrac{1}{2}$ である。

これと △OAB の面積から，

$$\dfrac{1}{2} \cdot \dfrac{2}{3}\pi + \dfrac{1}{2} \cdot \left(\sqrt{3} - \dfrac{\sqrt{3}}{3}\right) \cdot 1$$

$$= \dfrac{1}{3}\pi + \dfrac{\sqrt{3}}{3} \left(= \dfrac{\boxed{ク}}{\boxed{ケ}}\pi + \dfrac{\sqrt{\boxed{コ}}}{\boxed{サ}}\right)$$

第Ⅱ章 でる順に攻める！［さらにパワーアップ］

問題 11 でる順に攻める！ No.6

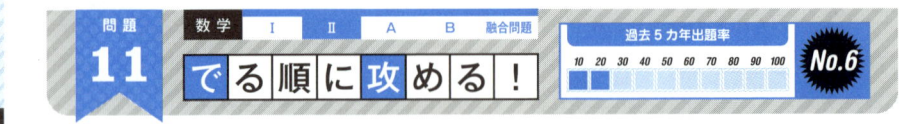

数学 Ⅰ Ⅱ Ａ Ｂ 融合問題

演習問題 ／ **高次方程式**

4次方程式 $x^4-20x^2+21x-20=0$ …① の1つの解が複素数 $x=\dfrac{1+\sqrt{3}i}{2}$ …②であるとき，複素数②と共役な複素数 $x=\boxed{\text{ア}}$ …③ も方程式①の解である。この2つの解②，③は x^2 の係数が1であるような x の2次方程式 $\boxed{\text{イ}}=0$ である。このとき，x の2次式 $\boxed{\text{ウ}}$ を用いて，$x^4-20x^2+21x-20=(\boxed{\text{エ}})(\boxed{\text{オ}})$ と因数分解できる。よって，方程式①の②，③以外の解は $x=\boxed{\text{カ}}$，$x=\boxed{\text{キ}}$，（ただし，$\boxed{\text{カ}}<\boxed{\text{キ}}$）である。

（新潟薬科大学）

Let's Attack! 松井先生の解答・解説

実数係数方程式　$x^4-20x^2+21x-20=0$ …①

が複素数解 $x=\dfrac{1+\sqrt{3}i}{2}$ …②を解にもつから，

共役複素数解 $x=\dfrac{1-\sqrt{3}i}{2}$ $(=\boxed{\text{ア}})$ …③も解にもつ。

複素数解 $x=\dfrac{1\pm\sqrt{3}i}{2}$ を解にもち，x^2 の係数が1であるような

2次方程式は $x=\dfrac{1\pm\sqrt{3}i}{2}$

$\iff (2x-1)^2=(\pm\sqrt{3}i)^2$

$\iff \boxed{\text{イ}}=x^2-x+1=0$

ウ

よって，①の左辺

$x^4 - 20x^2 + 21x - 20$

$= (x^2 - x + 1)(x^2 + x - 20)$

$= (\boxed{\text{エ}})(\boxed{\text{オ}})$

となるから，

$x^4 - 20x^2 + 21x - 20$

$= (x^2 - x + 1)(x^2 + x - 20) = 0$

以上より，①の②，③以外の解は

$x^2 + x - 20 = 0$

$\iff (x+5)(x-4) = 0$

$\iff x = -5 = \boxed{\text{カ}}, \quad x = 4 = \boxed{\text{キ}}$

問題 12 漸化式

次の□にあてはまる答を記入しなさい。

(1) 1本の直線を n 個の異なる点によって分割すると、直線は $a_n =$ ア 個の区間に分割される。

(2) 平面上に n 本の直線があり、どの2本も平行でなく、どの3本も同一の点を通ることはないとする。このとき、これらの n 本の直線によって分割された平面の領域の個数 b_n を求めてみよう。これらの n 本の直線にさらに1本の直線を加えたとき、この加えた直線は n 本の直線と交わり、直線上に n 個の交点ができる。したがって、この直線は a_n 個の区間に分割されることになる。それら a_n 個の区分線はそれぞれが属する平面の領域を イ 個に分割するから、分割された平面の領域は ウ 個だけ増えることになる。したがって、b_{n+1}, b_n, a_n の間には エ という関係が成り立ち、$n=1$ のとき、$b_1 =$ オ だから、$b_n =$ カ が得られる。

(明治薬科大学)

Let's Attack!
松井先生の解答・解説

(1) 1本の直線を1個の点によって分割すると直線は2個の区間に分割される。

1本の直線を2個の点によって分割すると直線は3個の区間に分割される。

1本の直線を3個の点によって分割すると直線は4個の区間に分割される。

よって，1本の直線をn個の点によって分割すると直線は$(n+1)$個の区間に分割されるから，

$$a_n = n+1 \quad (= \boxed{\text{ア}}\,)$$

と表すことができる。

(2) 条件を満たす$n+1$本目の直線を引いたとき，この直線はa_n個の区間に分割される。a_n個の区分線はそれぞれ平面の領域を$2\ (=\boxed{\text{イ}}\,)$個に分割するから$n+1$本の直線で分割される平面の領域はn本の直線で分割された平面の領域より$a_n\ (=\boxed{\text{ウ}}\,)$個だけ増えることになる。つまり，

$$b_{n+1} = b_n + a_n \quad (= \boxed{\text{エ}}\,)$$

$n=1$のとき，$b_1 = 2\ (=\boxed{\text{オ}}\,)$なので

$$b_{n+1} - b_n = a_n = n+1$$

$$b_n = b_1 + \sum_{k=1}^{n-1}(k+1) \quad (n \geq 2)$$

$$= 2 + \frac{(n-1)n}{2} + (n-1)$$

$$= \frac{n^2+n+2}{2} \quad (n \geqq 2,\ n \text{ は整数})$$

$n=1$ のときも成り立つ。

$b_n = \dfrac{n^2+n+2}{2}$ $(n \geqq 1,\ n \text{ は整数})\ \left(= \boxed{\text{カ}}\right)$

問題 13 でる順に攻める！ 数学 I II A B 融合問題

演習問題　空間ベクトルと図形

空間に3点 A(1, 0, 0), B(0, −2, 0), C(0, 0, 4) がある．三角形 ABC の外接円の中心を P とする．P を通り平面 ABC に垂直な直線をひき，この直線上に点 Q をとる．

(1) 点 P の x 座標は $\dfrac{\text{あ}}{\text{いう}}$ である．

(2) 三角形 ABC の外接円上の1つの点を R とする．∠PRQ = 60°のとき，Q の x 座標は $\dfrac{\text{え}}{\text{おか}} \pm \dfrac{\text{きく}\sqrt{\text{けこ}}}{\text{さし}}$ である．

(3) (2)のとき，四面体 QABC の体積は $\dfrac{\text{す}\sqrt{\text{せそ}}}{\text{た}}$ である．

（慶應義塾大学薬学部）

Let's Attack!
松井先生の解答・解説

$$\vec{AB} = \vec{OB} - \vec{OA}$$
$$= \begin{pmatrix} 0 \\ -2 \\ 0 \end{pmatrix} - \begin{pmatrix} 1 \\ 0 \\ 0 \end{pmatrix} = \begin{pmatrix} -1 \\ -2 \\ 0 \end{pmatrix},$$

$$\vec{AC} = \vec{OC} - \vec{OA}$$
$$= \begin{pmatrix} 0 \\ 0 \\ 4 \end{pmatrix} - \begin{pmatrix} 1 \\ 0 \\ 0 \end{pmatrix} = \begin{pmatrix} -1 \\ 0 \\ 4 \end{pmatrix}$$

とする．ただし，$|\vec{AB}| = \sqrt{5}$, $|\vec{AC}| = \sqrt{17}$

4点 A, B, C, P は同一平面上にあるから，媒介変数 s, t を用いて

第 Ⅱ 章

でる順に攻める！
[さらにパワーアップ]

$$\overrightarrow{AP} = s\overrightarrow{AB} + t\overrightarrow{AC}$$

$$\iff \overrightarrow{OP} = \overrightarrow{OA} + \overrightarrow{AP} = \overrightarrow{OA} + s\overrightarrow{AB} + t\overrightarrow{AC} = \begin{pmatrix} 1-s-t \\ -2s \\ 4t \end{pmatrix} \cdots (*)$$

〔共面条件〕

とおける。

点 P は △ABC の外心だから，$|\overrightarrow{AP}| = |\overrightarrow{BP}| = |\overrightarrow{CP}|$ が成り立つ。

〔外接円の半径〕

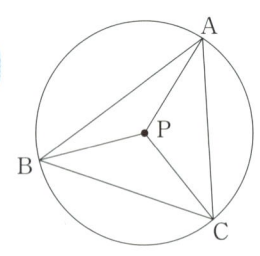

$$\overrightarrow{AP} = \overrightarrow{OP} - \overrightarrow{OA} = \begin{pmatrix} -s-t \\ -2s \\ 4t \end{pmatrix}$$

同様にして，$\overrightarrow{BP} = \begin{pmatrix} 1-s-t \\ 2-2s \\ 4t \end{pmatrix}$, $\overrightarrow{CP} = \begin{pmatrix} 1-s-t \\ -2s \\ -4+4t \end{pmatrix}$

$|\overrightarrow{AP}| = |\overrightarrow{BP}|$

$\iff (-s-t)^2 + (-2s)^2 + (4t)^2 = (1-s-t)^2 + (2-2s)^2 + (4t)^2$

$\iff 10s + 2t = 5 \quad \cdots ①$

$|\overrightarrow{BP}| = |\overrightarrow{CP}|$

$\iff (1-s-t)^2 + (2-2s)^2 + (4t)^2$

$\qquad = (1-s-t)^2 + (-2s)^2 + (-4+4t)^2$

$\iff 2s - 8t = -3 \quad \cdots ②$

①, ② より $\begin{cases} s = \dfrac{17}{42} \\ t = \dfrac{10}{21} \end{cases}$

(*) に代入して，$\overrightarrow{OP} = \left(\dfrac{5}{42} = \dfrac{\boxed{あ}}{\boxed{いう}}, -\dfrac{17}{21}, \dfrac{40}{21} \right)$

(2) 点Rは外接円上の点だから外接円の半径

$$|\overrightarrow{PR}|=|\overrightarrow{AP}|=|\overrightarrow{BP}|=|\overrightarrow{CP}|$$

だから

$$|\overrightarrow{PR}|=|\overrightarrow{AP}|=\sqrt{\left(-\frac{37}{42}\right)^2+\left(-\frac{34}{42}\right)^2+\left(\frac{80}{42}\right)^2}=\frac{5\sqrt{357}}{42}$$

△PQR は ∠PRO＝60°の直角三角形だから $PQ=\sqrt{3}PR=\dfrac{5\sqrt{119}}{14}$

ここで，PQ⊥AB, PQ⊥AC だから

外積 $\overrightarrow{PQ}=\begin{pmatrix}-8\\4\\-2\end{pmatrix}=k\begin{pmatrix}4\\-2\\1\end{pmatrix}$ （ただし，k は定数）

とする。

$$|\overrightarrow{PQ}|=|k|\sqrt{21}=\frac{5\sqrt{119}}{14}$$

$$\iff |k|=\frac{5\sqrt{119}}{14\sqrt{21}}=\frac{5\sqrt{51}}{42}$$

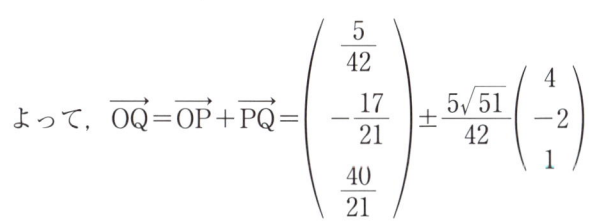

よって，$\overrightarrow{OQ}=\overrightarrow{OP}+\overrightarrow{PQ}=\begin{pmatrix}\dfrac{5}{42}\\-\dfrac{17}{21}\\\dfrac{40}{21}\end{pmatrix}\pm\dfrac{5\sqrt{51}}{42}\begin{pmatrix}4\\-2\\1\end{pmatrix}$

点 Q の x 座標は $\dfrac{5}{42}\pm\dfrac{10\sqrt{51}}{21}\left(=\dfrac{\boxed{え}}{\boxed{おか}}\pm\dfrac{\boxed{きく}\sqrt{\boxed{けこ}}}{\boxed{さし}}\right)$

(3) △ABC の面積 S とすると，

$$S=\frac{1}{2}\sqrt{|\overrightarrow{AB}|^2|\overrightarrow{AC}|^2-(\overrightarrow{AB}\cdot\overrightarrow{AC})^2}=\frac{1}{2}\sqrt{5\cdot17-1^2}=\sqrt{21}$$

よって，求める体積 V とすると

$$V=\frac{1}{3}\cdot\sqrt{21}\cdot\frac{5\sqrt{119}}{14}=\frac{5\sqrt{51}}{6}\left(=\frac{\boxed{す}\sqrt{\boxed{せそ}}}{\boxed{た}}\right)$$

三角形の面積公式

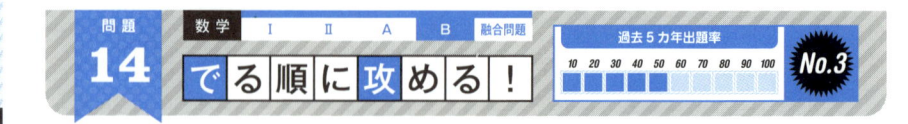

第Ⅱ章 問題14 でる順に攻める！

演習問題　空間ベクトルと内積

空間のベクトル $\vec{a}=(1, 1, 1)$ と $\vec{r}=(x, y, z)$ がある。$\vec{r}$ は $\vec{0}$ でないとし，$\vec{a}$ と $\vec{r}$ のなす角を θ $(0\leq\theta\leq\pi)$ とする．

(1) $\cos\theta$ を x, y, z で表せば，$\cos\theta=\boxed{\ A\ }$ である．

(2) $\vec{a}$ とベクトル $\vec{b}=(s, t, 0)$ $(s>0)$ のなす角が $\dfrac{\pi}{4}$ であるとき，$\dfrac{t}{s}=\boxed{\ B\ }$ である．

(3) $M=\dfrac{xy+yz+zx}{x^2+y^2+z^2}$ とする。M を $\cos\theta$ で表すと $M=\boxed{\ C\ }$ となり，M がとる値の範囲は $\boxed{\ D\ }$ である．

(4) $x^2+y^2+z^2=1$ のとき，$N=(x+y+z)(x+y+z-1)$ の最大値とそのとき x, y, z の値を，$\boxed{\ あ\ }$ で求めなさい．

（大阪薬科大学）

Let's Attack!　松井先生の解答・解説

内積

(1) $\vec{a}\cdot\vec{r}=|\vec{a}|\cdot|\vec{r}|\cos\theta \iff \cos\theta=\dfrac{x+y+z}{\sqrt{3(x^2+y^2+z^2)}}=\boxed{\ A\ }$

(2) $\vec{a}\cdot\vec{b}=|\vec{a}|\cdot|\vec{b}|\cos\dfrac{\pi}{4} \iff s+t=\sqrt{3}\cdot\sqrt{s^2+t^2}\cdot\dfrac{1}{\sqrt{2}}$

両辺を2乗すると $2s^2+4st+2t^2=3s^2+3t^2$

さらに両辺を s^2 (>0) で割ると

$$\left(\dfrac{t}{s}\right)^2-4\cdot\dfrac{t}{s}+1=0$$

$\iff \dfrac{t}{s}=2\pm\sqrt{3}=\boxed{\ B\ }$

(3) (1)の結果を用いると,

$$\cos^2\theta = \frac{(x+y+z)^2}{3(x^2+y^2+z^2)}$$

$$= \frac{x^2+y^2+z^2+2(xy+yz+zx)}{3(x^2+y^2+z^2)}$$

$$\iff 3\cos^2\theta = 1 + 2\cdot\frac{xy+yz+zx}{x^2+y^2+z^2}$$

よって,$M = \frac{3}{2}\cos^2\theta - \frac{1}{2} = \boxed{\text{C}}$

ここで,$0 \leq \theta \leq \pi \iff 1 \geq \cos\theta \geq -1 \iff 0 \leq \cos^2\theta \leq 1$ より

$\frac{1}{2} \leq M \leq 1 \iff \boxed{\text{D}}$

(4) $x^2+y^2+z^2=1$ と(1)より,

$$x+y+z = \sqrt{3}\cos\theta$$

ここで,$t=\cos\theta$ とおくと,

$0 \leq \theta \leq \pi \iff \boxed{-1 \leq t \leq 1}$

$\boxed{N = \sqrt{3}t(\sqrt{3}t - 1)}$ だから,

$t=-1$ のとき,最大値 $3+\sqrt{3}$

このとき,$\theta=\pi$ だから $\vec{a}$ と $\vec{r}$ は逆向きのベクトルであり,

また $|\vec{r}|=1$ だから

$x=y=z=-\frac{1}{\sqrt{3}}$ のときに N は最大となる。

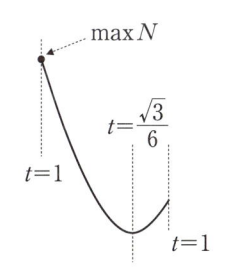

問題 15　平面ベクトルと図形

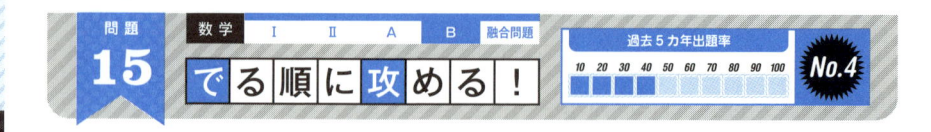

演習問題

四角形 ABCD の辺 AB 上に AP：PB＝2：1 となる点 P をとり，辺 CD 上に CQ：QD＝1：2 となる点 Q をとる．次の各問に答えよ．

(1) $\overrightarrow{PQ}$ を $\overrightarrow{PC}$，$\overrightarrow{PD}$ で表せ．さらに，$\overrightarrow{PQ}$ を $\overrightarrow{AD}$，$\overrightarrow{BC}$ で表せ．

(2) PQ と AC の交点 R が AR＝RC，PR＝2RQ を満たすとき，$\overrightarrow{AB}$ を $\overrightarrow{AD}$，$\overrightarrow{BC}$ で表せ．

（崇城大学薬学部）

Let's Attack!　松井先生の解答・解説

(1)　△PCD において CQ：QD＝1：2 であるから

$$\overrightarrow{PQ}=\frac{2\overrightarrow{PC}+\overrightarrow{PD}}{1+2}=\frac{2}{3}\overrightarrow{PC}+\frac{1}{3}\overrightarrow{PD} \quad \cdots ① \text{答}$$

ここで，$\overrightarrow{PC}=\overrightarrow{PB}+\overrightarrow{BC}$，$\overrightarrow{PD}=\overrightarrow{PA}+\overrightarrow{AD}$

これらを①に代入すると，

$$\overrightarrow{PQ}=\frac{2(\overrightarrow{PB}+\overrightarrow{BC})+\overrightarrow{PA}+\overrightarrow{AD}}{3}$$

$$=\frac{\overrightarrow{AD}+2\overrightarrow{BC}+(2\overrightarrow{PB}+\overrightarrow{PA})}{3}$$

ここで，PA：BP＝2：1，$2\overrightarrow{PB}=-\overrightarrow{PA}$ 　…②

よって，$\overrightarrow{PQ}=\dfrac{\overrightarrow{AD}+2\overrightarrow{BC}}{3}=\dfrac{1}{3}\overrightarrow{AD}+\dfrac{2}{3}\overrightarrow{BC}$ 　…③

(2) PR：RQ＝2：1 より，$\vec{PR} = \dfrac{2}{3}\vec{PQ} = \dfrac{2}{3} \cdot \dfrac{\vec{AD}+2\vec{BC}}{3}$ …④

また，△PCA で，点 R は CA の中点より，

$$\vec{PR} = \dfrac{\vec{PC}+\vec{PA}}{2} = \dfrac{(\vec{PB}+\vec{BC})+\vec{PA}}{2} \quad \text{…⑤}$$

④，⑤より

$$\dfrac{2}{9}(\vec{AD}+2\vec{BC}) = \dfrac{\vec{PB}+\vec{BC}-2\vec{PB}}{2}$$

$$\iff 4(\vec{AD}+2\vec{BC}) = 9(\vec{BC}-\vec{PB})$$

$$\iff 9\vec{PB} = \vec{BC}-4\vec{AD}$$

$$\iff \vec{AB} = 3\vec{PB} = \dfrac{-4\vec{AD}+\vec{BC}}{3} = \dfrac{4}{3}\vec{AD}+\dfrac{1}{3}\vec{BC} \quad \text{…}\boxed{答}$$

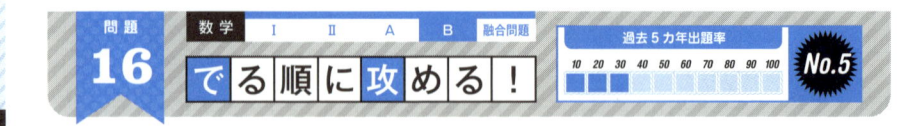

第Ⅱ章 でる順に攻める！［さらにパワーアップ］

問題 16 でる順に攻める！ （数学 Ⅰ Ⅱ A B 融合問題） No.5

演習問題 — 平面ベクトルと内積

$\vec{a}=(1,\ 2)$, $\vec{b}=(3,\ -2)$, $\vec{c}=(5,\ -2)$ とする。$\vec{a}+t\vec{b}$ と $\vec{c}$ が平行になるのは実数 t の値が ア のときであり，$\vec{a}+t\vec{b}$ と $\vec{c}$ が垂直になるのは実数 t の値が $\dfrac{\text{イ}}{\text{ウ}}$ のときである。

（城西大学薬学部）

Let's Attack! 松井先生の解答・解説

$$\vec{a}+t\vec{b}=\begin{pmatrix}1\\2\end{pmatrix}+t\begin{pmatrix}3\\-2\end{pmatrix}=\begin{pmatrix}1+3t\\2-2t\end{pmatrix},\quad \vec{c}=\begin{pmatrix}5\\-2\end{pmatrix}$$ とする。

（差）ここで，$\vec{a}+t\vec{b}$ と $\vec{c}$ は平行だから

$$(1+3t)\cdot(-2)-(2-2t)\cdot 5=0$$
$$\Longleftrightarrow -2-6t-10+10t=0$$
$$\Longleftrightarrow t=3=\boxed{\text{ア}}$$

（和）ここで，$\vec{a}+t\vec{b}$ と $\vec{c}$ は垂直だから

$$(1+3t)\cdot(5)+(2-2t)\cdot(-2)=0$$
$$\Longleftrightarrow 5+15t-4+4t=0$$
$$\Longleftrightarrow t=-\dfrac{1}{19}=\dfrac{\boxed{\text{イ}}}{\boxed{\text{ウ}}}$$

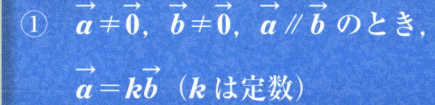

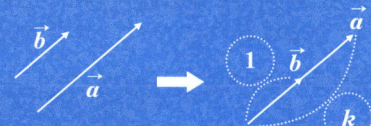

① $\vec{a} \neq \vec{0}$, $\vec{b} \neq \vec{0}$, $\vec{a} /\!/ \vec{b}$ のとき，
$\vec{a} = k\vec{b}$ （k は定数）

② 3点 A，B，C が同一直線上に存在するとき，
$\overrightarrow{AC} = t\overrightarrow{AB}$ （t は定数）

③ 3点 A，B，C が同一直線上に存在するとき，
$\overrightarrow{OC} = s\overrightarrow{OA} + t\overrightarrow{OB}$, $s+t=1$ （s, t は定数）

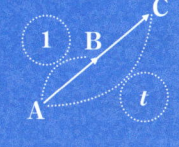

$\vec{a} = (a_1, a_2)$, $\vec{b} = (b_1, b_2)$, $\vec{a} /\!/ \vec{b}$ のとき，$a_1 b_2 - a_2 b_1 = 0$

$\overrightarrow{OA} = (a_1, a_2, a_3)$, $\overrightarrow{OB} = (b_1, b_2, b_3)$, $\vec{a} /\!/ \vec{b}$ のとき，
$\dfrac{a_1}{b_1} = \dfrac{a_2}{b_2} = \dfrac{a_3}{b_3} \iff a_1 : b_1 = a_2 : b_2 = a_3 : b_3$

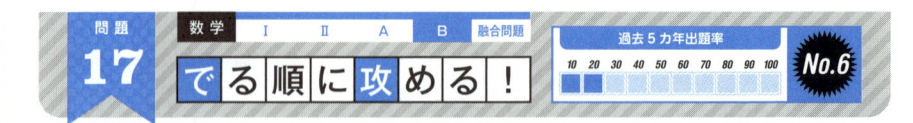

第II章

問題 17 でる順に攻める！ 群数列

$1 \mid \dfrac{1}{2}, \dfrac{1}{2} \mid \dfrac{1}{4}, \dfrac{1}{4}, \dfrac{1}{4}, \dfrac{1}{4} \mid \cdots\cdots$ は，同じ値の項の集まりが1つの群をなす数列であり，

第 k 群 ($k=1, 2, 3, \cdots$) は，$\dfrac{1}{2^{k-1}}$ の値の項が 2^{k-1} 個並んでいる．

このとき，以下の問いに答えよ．ただし，$\log_{10}2=0.3010$ とする．

(1) 第10群の中には ア イ ウ 個の項があり，それらの和は エ である．

(2) 第100項は，第 オ 群の中で カ キ 番目の項であり，その値は $\dfrac{1}{\boxed{ク}\boxed{ケ}}$ である．

(3) 初項から第575項までの和は $\dfrac{\boxed{コ}\boxed{サ}}{\boxed{シ}}$ である．

(4) 第1000項の値は小数第 ス 位に最初に0でない数字が現れる．

(5) 初項から第 n 項までの和が70であるとき，$n=2^{\boxed{セ}\boxed{ソ}}-\boxed{タ}$ であり，n は チ ツ 桁の数である．

(広島国際大学薬学部)

Let's Attack! 松井先生の解答・解説

(1) 第10群は，$\dfrac{1}{2^9}$ の値の項が 2^9 個並んでいるから，第10群に含まれる項の個数は，$2^9=512$ 個 ($=$ ア イ ウ) であり，それらの項の和は，

$\dfrac{1}{2^9} \times 2^9 = 1$ $(=\boxed{\text{エ}})$ である。

(2) 第1群の末項は初項から数えて1番目（これを No.1 と表す。以下同様）。

第2群の末項は初項から数えて No.$(1+2)$，第2群の末項は No.$(1+2+2^2)$，…

となるから，第 $(k-1)$ 群の末項は
$$\text{No.} \left(1+2+2^2+\cdots+2^{k-2} = \dfrac{1 \cdot (2^{k-1}-1)}{2-1} = 2^{k-1}-1\right)$$
だから，第 k 群の初項は No.$(2^{k-1}-1+1)=$ No.2^{k-1}

第 k 群の末項は
$$\text{No.} \left(1+2+2^2+\cdots+2^{k-1} = \dfrac{1 \cdot (2^k-1)}{2-1} = 2^k-1\right)$$
だから，第 k 群は，$\dfrac{1}{2^{k-1}}$ の値の項が 2^{k-1} 個並んでいて，

第 k 群の初項は No.2^{k-1}，第 k 群の末項は No.2^k-1

したがって，第100項が第 N 群の L 番目にあるとすると，

$2^{N-1} \leqq 100 \leqq 2^N-1$

と表され，これを満たす整数 N の値を求めると，

$2^{7-1}=64<100$，$2^{8-1}=128>100$ より，$N=7$

このとき，$L=100-(2^{7-1}-1)=37$

よって，第100項は，第7 $(=\boxed{\text{オ}})$ 群の 37 $(=\boxed{\text{カ}}\boxed{\text{キ}})$ 番目にあり，その値は $\dfrac{1}{2^6}=\dfrac{1}{64}$ $\left(=\dfrac{1}{\boxed{\text{ク}}\boxed{\text{ケ}}}\right)$ である。

(3) (2)の考え方を参考にして第575項が第 N 群の L 番目にあるとする

と，$2^{N-1} \leq 575 \leq 2^N - 1$ と考えて，これをみたす整数 N は，$N=10$。このとき，$L = 575 - (2^{10-1} - 1) = 64$ であるから，第 575 項は第 10 群の 64 番目にある。よって求める和は，

$$\frac{1}{2^0} \times 2^0 + \frac{1}{2^1} \times 2^1 + \frac{1}{2^2} \times 2^2 + \cdots + \frac{1}{2^8} \times 2^8 + \frac{1}{2^9} \times 64$$

$$= 9 + \frac{1}{8} = \frac{73}{8} \left(= \frac{\boxed{コ}\ \boxed{サ}}{\boxed{シ}} \right)$$

(4) $2^{N-1} \leq 1000 \leq 2^N - 1 \iff$ 整数 $N=10$ だから，第 1000 項の値は $\frac{1}{2^9}$。$M = \frac{1}{2^9} = 2^{-9}$ とすると，

$$\log_{10} M = \log_{10} 2^{-9} = -9 \log_{10} 2 = -9 \times 0.3010 = -2.709$$

$$-3 \leq \log_{10} M < -3 + 1 \iff 10^{-3} \leq \frac{1}{2^9} < 10^{-2}$$

よって，小数第 3（= $\boxed{ス}$）位にはじめて 0 でない数字が表れる。

(5) (1)の結果から各々の群の項の和はそれぞれ 1 であるから，

『初項から第 n 項までの和が 70 となる』

　　= 『初項から第 70 群の末項までの和』

　　$\iff n = 2^{70} - 1$ （= $2^{\boxed{セ}\ \boxed{ソ}} - \boxed{タ}$）

n の桁数は，$2^{70} \gg 1$ だから 2^{70} の桁数に等しい。

したがって，$X = 2^{70}$ とすると，

$$\log_{10} X = \log_{10} 2^{70} = 70 \log_{10} 2 = 70 \times 0.3010 = 21.07$$

$$21 \leq \log_{10} X < 21 + 1 \iff 10^{21} \leq 2^{70} < 10^{22}$$

よって，求める桁数は 22（= $\boxed{チ}\ \boxed{ツ}$）桁

私大薬学部の対策編

数学 I / II / A / B / 融合問題

第 III 章

でる順に攻める！
[これで完璧！]
[全範囲を制覇]

練習問題① 不等式と領域

不等式
$$\log_2(2y-x-1) \leq 3, \quad \log_2(y-2x+5) \leq \log_3(x+1) + \log_{27}(5-x)^3$$
を同時に満たす点 (x, y) が存在する領域を D として次の問いに答えよ．

(1) 点 (x, y) が領域 D を動くとき，y がとる値の最大値は $\dfrac{\boxed{1}\boxed{2}}{\boxed{3}}$ であり，そのときの x の値は $\dfrac{\boxed{4}}{\boxed{5}}$ である．

(2) 点 (x, y) が領域 D を動くとき，$10x+y$ がとる値の最大値は $\dfrac{\boxed{6}\boxed{7}\boxed{8}}{\boxed{9}}$ であり，そのときの x の値は $\dfrac{\boxed{10}\boxed{11}}{\boxed{12}}$，$y$ の値は $\dfrac{\boxed{13}\boxed{14}}{\boxed{15}}$ である．

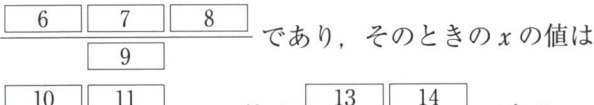

（星薬科大学）

Let's Attack! 松井先生の解答・解説

(1) $\log_2(2y-x-1) \leq 3$ について

底は 1 より大きいから，単調増加する。

真数条件より $0 < 2y-x-1 \iff y > \dfrac{1}{2}x + \dfrac{1}{2}$ …①

$\log_2(2y-x-1) \leq 3$

$\iff 2y-x-1 \leq 8 \iff y \leq \dfrac{1}{2}x + \dfrac{9}{2}$ …②

①，②より $\dfrac{1}{2}x + \dfrac{1}{2} < y \leq \dfrac{1}{2}x + \dfrac{9}{2}$ …③

次に，$\log_3(y-2x+5) \leq \log_3(x+1) + \log_{27}(5-x)^3$

真数条件より

$$0 < y - 2x + 5 \iff 2x - 5 < y \quad \cdots ④$$

$$-1 < x < 5 \quad \cdots ⑤$$

$$\iff \log_3(y - 2x + 5) \leq \log_3(x+1) + \frac{\log_3(5-x)^3}{\log_3 3^3}$$

$$\iff \log_3(y - 2x + 5) \leq \log_3(x+1) + \log_3(5-x)$$

$$\iff y - 2x + 5 \leq (x+1)(5-x)$$

$$\iff y \leq -(x-3)^2 + 9 \quad \cdots ⑥$$

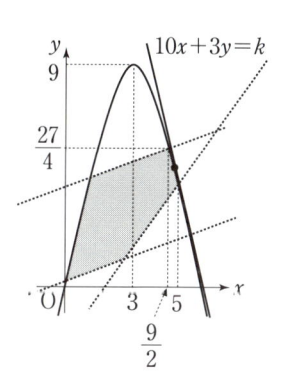

④〜⑥を同時に満たす範囲は，

$$2x - 5 < y \leq -(x-3)^2 + 9 \quad (ただし，-1 < x < 5) \quad \cdots ⑦$$

③，⑦を満たす点 (x, y) の存在する領域 D は上図の塗潰し部。（境界を含む）

よって， $\max\{y\} = \dfrac{27}{4} \left(= \dfrac{\boxed{1}\ \boxed{2}}{\boxed{3}} \right) \left(x = \dfrac{9}{2} = \dfrac{\boxed{4}}{\boxed{5}} \right)$

(2)　$10x + 3y = k$（定数）とする。

直線 $y = -\dfrac{10}{3}x + \dfrac{k}{3}$ と領域 D が共有点を持ち k が最大となるのは，

放物線 $y = -x^2 + 6x \cdots$ と直線 $y = -\dfrac{10}{3}x + \dfrac{k}{3}$ が接するとき。

つまり，放物線上の点 (x, y) における接線の傾きと直線

$y = -\dfrac{10}{3}x + \dfrac{k}{3}$ の傾きが一致するとき

$$y' = -2x + 6 = -\dfrac{10}{3} \iff x = \dfrac{14}{3}$$ で接する。

よって，$x = \dfrac{14}{3} \left(= \dfrac{\boxed{10}\ \boxed{11}}{\boxed{12}} \right)$

$y = \dfrac{56}{9} \left(= \dfrac{\boxed{13}\ \boxed{14}}{\boxed{15}} \right)$ のとき

最大値 $\max\{10x + 3y\} = 10 \cdot \dfrac{14}{3} + 3 \cdot \dfrac{56}{9}$

$= \dfrac{196}{3} \left(= \dfrac{\boxed{6}\ \boxed{7}\ \boxed{8}}{\boxed{9}} \right)$

問題 2 でる順に攻める！ 数学 I II A B 融合問題 No.7

練習問題② 三角関数と図形

2点 A(3, 1), B(1, 4) と，円 $(x-1)^2+(y+2)^2=4$ がある．この円上を動く点 P と，A, B とでできる △ABP の面積の最小値は $\boxed{1}-\sqrt{\boxed{2}\boxed{3}}$，最大値は $\boxed{4}-\sqrt{\boxed{5}\boxed{6}}$ である．

（慶應義塾大学薬学部）

Let's Attack! 松井先生の解答・解説

円 $(x-1)^2+(y+2)^2=4$ は中心 C(1, −2)，半径 2 だから，この円上の点

$$P(x, y)=(1+2\cos\theta, -2+2\sin\theta)$$

（媒介変数 θ を用いて動点を表す。）

ただし，$\theta \neq 2\pi k$，k は定数とおく。

直線 AB の方程式は $3x+2y-11=0$ …① と表され，点 P と①との距離を h とすると

$$h=\frac{|3(1+2\cos\theta)+2(-2+2\sin\theta)-11|}{\sqrt{3^2+2^2}}$$

$$=\frac{|2(2\sin\theta+3\cos\theta-6)|}{\sqrt{13}}$$

$$=\frac{2}{\sqrt{13}}\{6-\sqrt{13}\sin(\theta+\alpha)\}$$

（点と直線の距離の関係）

（三角関数の合成）

$\left(\text{ただし，}\cos\alpha=\frac{2}{\sqrt{13}}, \sin\alpha=\frac{3}{\sqrt{13}}\right)$

ここで，$-1 \leq \sin(\theta + \alpha) \leq 1$ だから

$$\frac{2}{\sqrt{13}}(6-\sqrt{13}) \leq h \leq \frac{2}{\sqrt{13}}(6+\sqrt{13})$$

$$\min\{h\} = \frac{2}{\sqrt{13}}(6-\sqrt{13}), \quad \max\{h\} = \frac{2}{\sqrt{13}}(6+\sqrt{13})$$

よって，△ABP の面積を S とすると

$$S = \frac{1}{2}\mathrm{AB} \cdot h = \frac{\sqrt{13}}{2}h \text{ だから,}$$

最小値 $\min\{S\} = \dfrac{\sqrt{13}}{2} \cdot \dfrac{2}{\sqrt{13}}(6-\sqrt{13})$

$\qquad\qquad = 6 - \sqrt{13} \quad (= \boxed{\ 1\ } - \sqrt{\boxed{\ 2\ }\boxed{\ 3\ }}\ )$

最大値 $\max\{S\} = \dfrac{\sqrt{13}}{2} \cdot \dfrac{2}{\sqrt{13}}(6+\sqrt{13}) = 6 + \sqrt{13}$

$\qquad\qquad = 6 + \sqrt{13} \quad (= \boxed{\ 4\ } - \sqrt{\boxed{\ 5\ }\boxed{\ 6\ }}\ )$

問題 3 でる順に攻める！ No.7

数学 Ⅰ Ⅱ A B 融合問題

練習問題③ 　確率の計算，数列の応用

1 から n までの自然数が 1 つずつ書かれた n 枚のカードがある．ただし，$n \geq 3$ とする．これらのカードをよくまぜて 1 枚取り出したとき，そのカードに書かれた数字を x_1 とする．次にこのカードをもとに戻してからよくまぜて，1 枚のカードを取り出し，そのカードに書かれた数字を x_2 とする．同様の手順をあと 2 回行い，3 回目および 4 回目に取り出したカードに書かれた数字をそれぞれ x_3，x_4 とする．

(1) $n=12$ のとき，$x_1 < x_2$ となる確率は $\dfrac{\boxed{1}\ \boxed{2}}{\boxed{3}\ \boxed{4}}$ である．

(2) $n=12$ のとき，$x_1 < x_2 \leq x_3$ となる確率は $\dfrac{\boxed{5}\ \boxed{6}\ \boxed{7}}{\boxed{8}\ \boxed{9}\ \boxed{10}}$ である．

(3) $x_1 < x_2 < x_3$ かつ $x_3 > x_4$ となる確率を $\dfrac{f(n)}{n^4}$ とすると，

$$f(n) = \dfrac{\boxed{11}}{\boxed{12}}n^4 - \dfrac{\boxed{13}}{\boxed{14}}n^3 + \dfrac{\boxed{15}}{\boxed{16}}n^2 - \dfrac{\boxed{17}}{\boxed{18}}n \text{ である．}$$

（慶應義塾大学薬学部）

Let's Attack! 松井先生の解答・解説

(1) $n=12$ のとき，全事象は 12^4 通り，$x_1 < x_2$ となるのは，1 から 12 の中から異なる 2 個の数を選ぶのと同値で，x_3 と x_4 は何でもよいから，確率は $\dfrac{{}_{12}C_2 \times 12 \times 12}{12^4} = \dfrac{11}{24}\left(=\dfrac{\boxed{1}\ \boxed{2}}{\boxed{3}\ \boxed{4}}\right)$

(2)　　$n=12$ のとき，全事象の個数は 12^4 通り。

(ⅰ)　$x_1<x_2<x_3$ で x_4 は何でもよいから，となる確率は，

$$\frac{{}_{12}C_3 \times 12}{12^4} = \frac{220}{12^3}$$

(ⅱ)　$x_1<x_2=x_3$ で x_4 は何でもよいから，確率は $\dfrac{{}_{12}C_2 \times 12}{12^4} = \dfrac{66}{12^3}$

(ⅰ)，(ⅱ)は排反だから，確率は

$$\frac{220}{12^3} + \frac{66}{12^3} = \frac{143}{864} \left(= \frac{\boxed{5}\ \boxed{6}\ \boxed{7}}{\boxed{8}\ \boxed{9}\ \boxed{10}} \right)$$

(3)　$x_1<x_2<x_3$ かつ $x_3>x_4$ となるとき，x_3 のとりうる値は，$3 \leqq x_3 \leqq n$

ここで，$x_3=k$ とおくと $3 \leqq k \leqq n$ となる。x_1, x_2 は 1 から $k-1$ までの中から異なる 2 個を選んで小さい方を x_1，大きい方を x_2 とし，x_4 は 1 から $k-1$ までの中から適当な 1 個を選ぶと見なせばよい。

よって，求める確率は $n \geqq 3$ のとき，

$$\sum_{k=3}^{n} \frac{{}_{k-1}C_2 \cdot {}_{k-1}C_1}{n^4} = \frac{1}{n^4} \sum_{k=3}^{n} {}_{k-1}C_2 \cdot (k-1)$$

したがって

$$f(n) = \sum_{k=3}^{n} {}_{k-1}C_2 \cdot (k-1) = \sum_{k=3}^{n} \frac{(k-1)^2(k-2)}{2}$$

$$= \frac{1}{2} \sum_{l=1}^{n-1} l^2(l-1) = \frac{1}{2} \sum_{l=1}^{n-1} (l^3 - l^2)$$

$$= \frac{1}{2} \left\{ \frac{1}{4}(n-1)^2 n^2 - \frac{1}{6}(n-1)n(2n-1) \right\}$$

$$= \frac{1}{8} n^4 - \frac{5}{12} n^3 + \frac{3}{8} n^2 - \frac{1}{12} n$$

$$\left(= \frac{\boxed{11}}{\boxed{12}} n^4 - \frac{\boxed{13}}{\boxed{14}} n^3 + \frac{\boxed{15}}{\boxed{16}} n^2 - \frac{\boxed{17}}{\boxed{18}} n \right)$$

問題 4

数学 I II A B 融合問題

練習問題④ — 2次関数の応用, 曲線

(i) 方程式 $|(x+1)(x-3)|=4$ の負の解は

$x = \boxed{1} - \boxed{2}\sqrt{\boxed{3}}$ である.

(ii) k は実数とする. 方程式 $|(x+1)(x-3)|=2x+k$ が実数解をもたないような k の値の範囲は $k<\boxed{4}$ である. また, 実数解の個数が2となる k の値の範囲は $\boxed{5}<k<\boxed{6}$, $k>\boxed{7}$ である.

(城西大学薬学部)

Let's Attack! 松井先生の解答・解説

(i) $y=f(x)=|(x+1)(x-3)|=4$ …① とすると,

$$f(x)=\begin{cases}(x+1)(x-3)=(x-1)^2-4 & (x\leq -1,\ 3\leq x) \quad \cdots ② \\ -(x+1)(x-3)=-(x-1)^2+4 & (-1<x<3) \quad \cdots ③\end{cases}$$

まず, ②と直線 $y=4$ の交点のうち x 座標が負となるのは右図から $x^2-2x-3=4$ の負の解である。

$x^2-2x-7=0 \iff x=1\pm 2\sqrt{2}$

負の解は $x=1-2\sqrt{2}$ $\left(=\boxed{1}-\boxed{2}\sqrt{\boxed{3}}\right)$

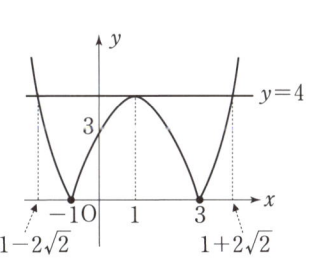

(ii) $|(x+1)(x-3)|=2x+k$ が実数を持たない k の値の範囲は,点 $(3, 0)$ における接線の傾きは $f'(x)=2x-2$ より,$f'(3)=4>2$ だから,

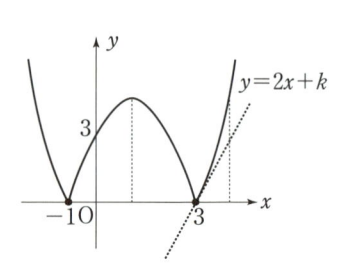

直線 $y=2x+k$ が点 $(3, 0)$ を通るときより,下方にあるときである。$0=2\times 3+k \Longleftrightarrow k=-6$ だから $k<-6$ ($=\boxed{4}$) のとき,実数解を持たない。

また,$|(x+1)(x-3)|=2x+k$ が実数解の個数が 2 となる場合を調べる。

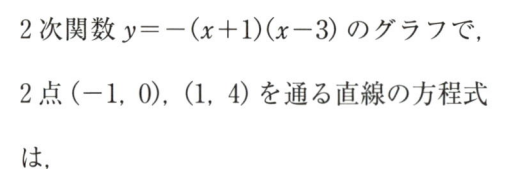

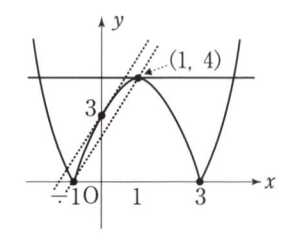

2 次関数 $y=-(x+1)(x-3)$ のグラフで,2 点 $(-1, 0)$, $(1, 4)$ を通る直線の方程式は,

$\qquad y=2(x+1) \Longleftrightarrow y=2x+2$

また,$-1<x<3$ の範囲で接線の傾きが 2 である直線の方程式は,$f'(x)=-2x+2=2$ より $x=0 \Longleftrightarrow (0, 3)$ を通る接線の方程式は,

$\qquad y=2x+3$

以上から,$-6<k<2$, $3<k$ ($=\boxed{5}<k<\boxed{6}$, $k>\boxed{7}$)

問題5 でる順に攻める！ 数学 I II A B 融合問題　No.7

練習問題⑤ ── 確率の計算，漸化式

1，2，3の数字が書かれたカードが各一枚ずつ，合計三枚が袋に入っている．この袋から一枚を引き，書かれた数字を記録してもとに戻す．この試行を繰り返し，n回の試行が終わった段階で，記録された数の合計が偶数である確率を p_n とする．

(1) $p_1 = \dfrac{\boxed{ア}}{\boxed{イ}}$，$p_2 = \dfrac{\boxed{ウ}}{\boxed{エ}}$ である．

(2) p_{n+1} を p_n の式で表すと，$p_{n+1} = \dfrac{\boxed{オ}\boxed{カ}}{\boxed{キ}} p_n + \dfrac{\boxed{ク}\boxed{ケ}}{\boxed{コ}}$ である．

(3) p_n を n の式で表すと，$p_n = \dfrac{\boxed{サ}}{\boxed{シ}} + \dfrac{\boxed{ス}}{\boxed{セ}} \left(\dfrac{\boxed{ソ}\boxed{タ}}{\boxed{チ}} \right)^n$ である．

（東京薬科大学・女子部）

Let's Attack! 松井先生の解答・解説

(1) 1回の試行が終わった段階で，記録された数の合計が偶数である確率が p_1 だから，$p_1 = \dfrac{1}{3}$ $\left(= \dfrac{\boxed{ア}}{\boxed{イ}} \right)$．$p_2$ は，2回の試行が終わった段階で，記録された数の合計が偶数である確率だから(i) 2回ともに偶数，または(ii) 2回ともに奇数の場合であるから，

$$p_2 = \left(\dfrac{1}{3}\right)^2 + \left(\dfrac{2}{3}\right)^2 = \dfrac{5}{9} \left(= \dfrac{\boxed{ウ}}{\boxed{エ}} \right)$$

139

(2) n 回の試行が終わった段階で，記録された数の合計が奇数である確率は $1-p_n$ であるから，p_{n+1} は

n 回の試行が終わった段階で，記録された数の合計が「偶数」である確率を p_n	$\dfrac{1}{3}$	
n 回の試行が終わった段階で，記録された数の合計が「奇数」である確率を $1-p_n$	$\dfrac{2}{3}$	$(n+1)$ 回の試行が終わった段階で，記録された数の合計が「偶数」である確率 p_{n+1}

$$p_{n+1} = \frac{1}{3}p_n + \frac{2}{3}(1-p_n)$$

$$\iff p_{n+1} = -\frac{1}{3}p_n + \frac{2}{3} \left(= \frac{\boxed{オ}\boxed{カ}}{\boxed{キ}}p_n + \frac{\boxed{ク}\boxed{ケ}}{\boxed{コ}}\right)$$

(3) (2)の結果を用いると

$$p_{n+1} = -\frac{1}{3}p_n + \frac{2}{3} \iff p_{n+1} - C = -\frac{1}{3}(p_n - C)$$

$$\iff p_{n+1} = -\frac{1}{3}p_n + \frac{4}{3}C,\ C = \frac{1}{2}$$

$$p_{n+1} - \frac{1}{2} = -\frac{1}{3}\left(p_n - \frac{1}{2}\right)$$

隣接二項間漸化式

等比数列 $\left\{p_n - \dfrac{1}{2}\right\}$：初項 $p_1 - \dfrac{1}{2} = -\dfrac{1}{6}$

公比 $-\dfrac{1}{3}$

一般項 $p_n - \dfrac{1}{2} = -\dfrac{1}{6}\left(-\dfrac{1}{3}\right)^{n-1}$

$$\iff p_n = \frac{1}{2} + \frac{1}{2}\left(-\frac{1}{3}\right)^n \left(= \frac{\boxed{サ}}{\boxed{シ}} + \frac{\boxed{ス}}{\boxed{セ}}\left(\frac{\boxed{ソ}\boxed{タ}}{\boxed{チ}}\right)^n\right)$$

問題 6 でる順に攻める！ 数学 I II A B 融合問題　No.7

練習問題⑥　軌跡と方程式，面積

次の問いに答えなさい．

xy 座標平面上に，原点 O を中心とする半径 r ($r>0$) の円と 2 点 P($\sqrt{2}r$, 0)，Q($0, r^2$) がある．P から円に傾きが正の接線 l を引き，その接点を R とする．

(1) l の方程式は $y=$ ［ A ］，R の座標は ［ B ］ である．

(2) △PQR が直角三角形になるのは，$r=$ ［ C ］ のときである．

(3) r が変化するとき，△PQR の重心が描く曲線 C を ［ あ ］ で求め，それをグラフに描きなさい．

(4) C と x 軸で囲まれる部分の面積は，［ D ］ である． （大阪薬科大学）

Let's Attack! 松井先生の解答・解説

(1) OP$=\sqrt{2}r$，OR$=r$，∠ORP$=90°$ より ∠POR$=$∠OPR$=45°$ だから直線 l の傾きは 1 であり，点 P を通るから l の方程式は

$$y-0=1\cdot(x-\sqrt{2})\iff y=x-\sqrt{2}r\ (=\ \boxed{A}\ )$$

である。また点 R は半径 r の円周上にあるから

$$(r\cos(-45°),\ r\sin(-45°))$$
$$\iff \left(\frac{r}{\sqrt{2}},\ -\frac{r}{\sqrt{2}}\right)=\boxed{B}$$

である。

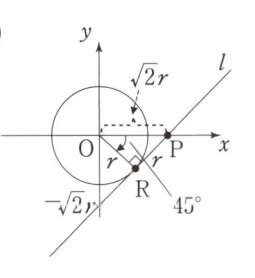

(2) 直角になるのは ∠RPQ のみであり，(1)より ∠OPR＝45°であればよく，このとき点 P の x 座標と点 Q の y 座標が一致するから

$$r^2 = \sqrt{2}\,r$$

ここで，$r>0$ より

$$r = \sqrt{2} \quad (= \boxed{\text{C}}\,)$$

(3) △PQR の重心を G(x, y) とすると，

$$x = \frac{\sqrt{2}\,r + 0 + \dfrac{r}{\sqrt{2}}}{3} = \frac{r}{\sqrt{2}},\quad y = \frac{0 + r^2 - \dfrac{r}{\sqrt{2}}}{3} = \frac{1}{3}\left(r^2 - \frac{r}{\sqrt{2}}\right)$$

媒介変数 r を消去すると

$$y = \frac{1}{3}(2x^2 - x)$$

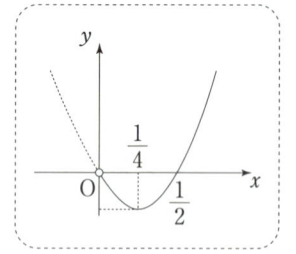

ただし，$r>0$ より $x>0$

あ

(4) 求める面積

$$S = \int_0^{\frac{1}{2}} \left\{-\frac{1}{3}(2x^2 - x)\right\} dx$$

$$= -\frac{2}{3}\int_0^{\frac{1}{2}} x\left(x - \frac{1}{2}\right) dx$$

$$= \frac{\left|-\dfrac{2}{3}\right|\left(\dfrac{1}{2} - 0\right)^3}{6} = \frac{1}{72} = \boxed{\text{D}}$$

$$S = \int_\alpha^\beta a(x-\alpha)(x-\beta)\,dx = \frac{|a|(\beta-\alpha)^3}{6}$$

問題 7　2次関数の最大・最小

基本問題

$x^2+2y^2=4$ のとき，y^2 は x の式で $y^2=\boxed{ア}$ と表される．ここで，$y^2 \geq 0$ であることから，x のとりうる値の範囲は $\boxed{イ} \leq x \leq \boxed{ウ}$ である．また，このとき $3x-y^2$ のとりうる値の最大値 M と最小値 m を求めると，それぞれ $M=\boxed{エ}$，$m=\boxed{オ}$ である．　（新潟薬科大学）

Let's Attack!　松井先生の解答・解説

$x^2+2y^2=4$ のとき，$y^2 = 2 - \dfrac{x^2}{2}$ $\left(=\boxed{ア}\right)$　…①

ここで，$y^2 \geq 0$ より $2 - \dfrac{x^2}{2} \geq 0$

$\iff -2 \leq x \leq 2$ $\left(=\boxed{イ} \leq x \leq \boxed{ウ}\right)$

与式 $= 3x - y^2$
$= 3x - \left(2 - \dfrac{x^2}{2}\right)$
$= \dfrac{1}{2}x^2 + 3x - 2$
$= \dfrac{1}{2}(x+3)^2 - \dfrac{13}{2}$

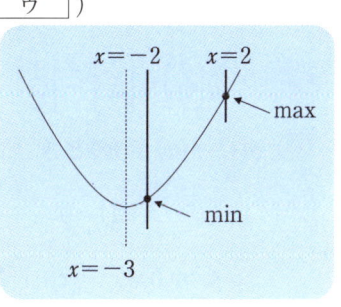

$M = \max\{3x - y^2\} = 6$ $\left(=\boxed{エ}\right)$ $(x=2)$

$m = \min\{3x - y^2\} = -6$ $\left(=\boxed{オ}\right)$ $(x=-2)$

問題 8 ガウス記号と関数

練習問題

実数 x に対して，$[x]$ は $n \leq x < n+1$ となる整数 n を表す．2つの関数 $f(x)=[x^2-x+1]$ と $g(x)=[x]^2-[x]+1$ について考える．$f\left(\dfrac{1}{2}\right)$ と $g\left(\dfrac{1}{2}\right)$ の値をそれぞれ求めると，$f\left(\dfrac{1}{2}\right)=$ ア ，$g\left(\dfrac{1}{2}\right)=$ イ である．つぎに，$f(x)=0$ を満たす x の値がとり得る範囲を求めると，ウ である．x が $0 \leq x < 3$ のとき，$g(x)$ がとり得る値は エ である．

（明治薬科大学）

Let's Attack! 松井先生の解答・解説

$$f\left(\frac{1}{2}\right)=\left[\left(\frac{1}{2}\right)^2-\left(\frac{1}{2}\right)+1\right]=\left[\frac{3}{4}\right]=0 \quad (= \boxed{\text{ア}})$$

$$g\left(\frac{1}{2}\right)=\left[\frac{1}{2}\right]^2-\left[\frac{1}{2}\right]+1=0^2-0+1=1 \quad (= \boxed{\text{イ}})$$

次に $f(x)=0$ のとき

$[x^2-x+1]=0$

（実数 x を超えない最大の整数 n
$\iff [x]=n$
$\iff n \leq x < n+1$）

$\iff 0 \leq x^2-x+1 < 0+1 \quad \cdots ①$

ここで，$x^2-x+1=\left(x-\dfrac{1}{2}\right)^2+\dfrac{3}{4}>0$ であるから

①より，$0 < x < 1$ ウ

また，$0 \leqq x < 3$ のとき，$g(x)$ は

$0 \leqq x < 1$ のとき，$[x]=0 \iff [x]^2=0$ よって，$g(x)=1$

$1 \leqq x < 2$ のとき，$[x]=1 \iff [x]^2=1$ よって，$g(x)=1$

$2 \leqq x < 3$ のとき，$[x]=2 \iff [x]^2=4$ よって，$g(x)=3$

よって，$g(x)$ のとり得る値は 1，3 <u>　エ　</u> である。

第Ⅲ章 でる順に攻める！ [これで完璧！全範囲を制覇]

問題 9　数学 Ⅰ・Ⅱ・A・B 融合問題　でる順に攻める！

過去5カ年出題率　No.8

基本問題　三角比の平面図形への応用

円に内接する四角形 ABCD において，AB＝2，BC＝3，CD＝2，BD＝4 であるとき

(1) AD の長さは ア である．

(2) 四角形 ABCD の面積は イ である．

（神戸薬科大学）

Let's Attack!　松井先生の解答・解説

$\angle BCD = \theta$ $(0 < \theta < 180°)$ とする。

円の内接四角形の性質より，$\angle BAD = 180° - \theta$ となる。

(1) △BCD において第2余弦定理より，

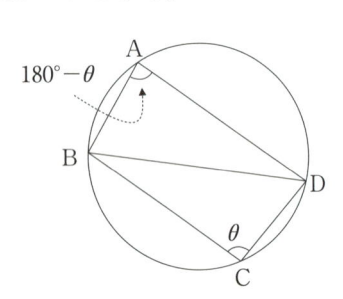

$$4^2 = 3^2 + 2^2 - 2 \cdot 3 \cdot 2 \cdot \cos\theta$$

$$\iff 16 = 13 - 12\cos\theta$$

$$\iff \cos\theta = -\frac{1}{4}$$

△BAD において第2余弦定理より，

$$4^2 = 2^2 + AD^2 - 2 \cdot 2 \cdot AD \cdot \cos(180° - \theta)$$

$$\iff 16 = 4 + AD^2 - 4AD\left(-\frac{1}{4}\right)$$

$$\iff AD^2 - AD - 12 = 0$$

$$\iff (AD - 4)(AD + 3) = 0$$

(2) $l = \dfrac{2+3+2+4}{2} = \dfrac{11}{2}$ とすると,

円の内接四角形 ABCD の面積

$$S = \sqrt{\left(\dfrac{11}{2}-2\right)\left(\dfrac{11}{2}-3\right)\left(\dfrac{11}{2}-2\right)\left(\dfrac{11}{2}-4\right)}$$

$$= \dfrac{7\sqrt{15}}{4} \quad (= \boxed{\text{イ}})$$

AD>0 より,AD=4 $(= \boxed{\text{ア}})$

円の内接四角形の面積 S

$l = \dfrac{a+b+c+d}{2}$ とすると,

$$S = \sqrt{(l-a)(l-b)(l-c)(l-d)}$$

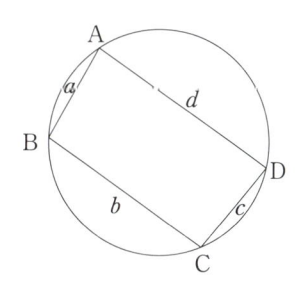

問題 10 でる順に攻める！

練習問題 — 三角比の平面図形への応用

三角形 ABC において，BC=9，CA=7，AB=8，辺 BC を 2：1 に内分する点を D とする。次の記述の ☐ にあてはまる数を記入しなさい．

(1) $\cos C$ の値は ア である．

(2) △ADC の面積は イ ，AD の長さは ウ である．

(3) $\sin B$ の値は エ ，△ABD に外接する円の半径は オ である．

（帝京大学薬学部）

Let's Attack! 松井先生の解答・解説

AB：AC＝2：1 だから，

$$BD = \frac{2}{2+1} \times 9 = 6, \quad CD = \frac{1}{2+1} \times 9 = 3$$

先に求めておこう！

(1) △ABC について，第 2 余弦定理を用いると

$$\cos C = \frac{81+49-64}{2 \cdot 9 \cdot 7} = \frac{11}{21} \quad (= \boxed{ア})$$

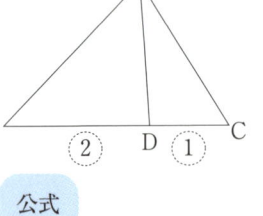

公式

(2) (1)の結果を用いると，$0 < \theta < 180°$ だから

$$\sin C = \sqrt{1-\cos^2 C} = \sqrt{1-\left(\frac{11}{21}\right)^2} = \frac{8\sqrt{5}}{21}$$

公式

また，CD＝3 より，

$\triangle$ADC の面積 $S = \dfrac{1}{2} \cdot 3 \cdot 7 \cdot \sin C$

$\qquad = \dfrac{1}{2} \cdot 3 \cdot 7 \cdot \dfrac{8\sqrt{5}}{21}$ ◀公式

$= 4\sqrt{5}$ （$=$ イ ） また $\triangle$ADC について，第2余弦定理より

$\qquad AD^2 = AC^2 + DC^2 - 2 \cdot AC \cdot DC \cdot \cos C$ ◀公式

$\qquad\quad = 7^2 + 3^2 - 2 \cdot 7 \cdot 3 \cdot \dfrac{11}{21}$

$\qquad\quad = 36$

ここで，AD>0 より，AD$=6$ （$=$ ウ ）

(3) $\triangle$ABC において正弦定理より，

$\qquad \dfrac{7}{\sin B} = \dfrac{8}{\sin C}$ ◀公式

$\qquad \Longleftrightarrow \sin B = \dfrac{7}{8} \sin C = \dfrac{7}{8} \cdot \dfrac{8\sqrt{5}}{21} = \dfrac{\sqrt{5}}{3}$ （$=$ エ ）

また，$\dfrac{AD}{\sin B} = 2R$ ◀公式

$\qquad \Longleftrightarrow R = \dfrac{AD}{2\sin B} = \dfrac{6}{2 \cdot \dfrac{\sqrt{5}}{3}} = \dfrac{9\sqrt{5}}{5}$ （$=$ オ ）

第Ⅲ章 でる順に攻める！[これで完璧！全範囲を制覇]

問題 11 でる順に攻める！
数学　Ⅰ　Ⅱ　A　B　融合問題
過去5カ年出題率　No.9

基本問題　　　　　　　　場合の数

(i) 3の倍数であるが，7の倍数ではない100以下の自然数は全部で ア 個ある．

(ii) 既約分数（それ以上約分できない分数）の中で，分子が100以下の自然数であり，分母が21であるものは全部で イ 個ある．

（城西大学薬学部）

Let's Attack!
松井先生の解答・解説

全集合 $U = \{n \mid 1 \leq n \leq 100, \ n は整数\}$, $n(U) = 100$

部分集合 $A = \{n \mid n \equiv 0 \pmod{3},\ A \subset U\}$, $n(A) = \left[\dfrac{100}{3}\right] = 33$ ← 3の倍数の集合

部分集合 $B = \{n \mid n \equiv 0 \pmod{7},\ B \subset U\}$, $n(B) = \left[\dfrac{100}{7}\right] = 14$ ← 7の倍数の集合

$n(A \cap B) = \left[\dfrac{100}{3 \cdot 7}\right] = 4$ ← 3かつ7の倍数の集合

(i) 3の倍数であるが，7の倍数でないものの自然数の個数は，

$n(A \cap \overline{B}) = n(A) - n(A \cap B) = 33 - 4 = 29 =$ ア

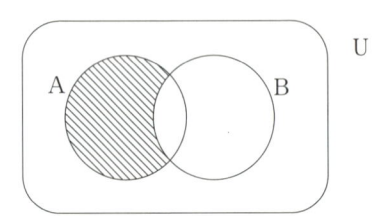

(ii) 既約分数の中で，分子が 100 以下の自然数であり，分母が 21 である

ものの個数は，分子が 3 の倍数でも 7 の倍数でもない個数

$$n(\overline{A} \cap \overline{B}) = n(U) - n(A) - n(B) + n(A \cap B)$$
$$= 100 - (33 + 14 - 4) = 57 = \boxed{イ}$$

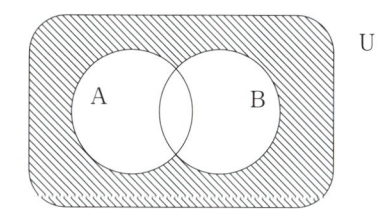

練習問題　順列，組合せ，確率の計算

n を与えられた自然数（ただし，$n≧3$）として，k が 0 から n までのすべての整数値をとるとき，整数 $3k+11$ を要素とする集合を S とする．すなわち，$S=\{3k+11\mid k=0,\ 1,\ \cdots,\ n\}$ とする．

(1) S の要素の総和は $\dfrac{(n+\boxed{1})(\boxed{2}n+\boxed{3}\boxed{4})}{\boxed{5}}$ と表される．

(2) S の中から 3 個の異なる要素を選ぶとき，選び方を p 通りとすると
$p=\dfrac{n(n-\boxed{6})(n+\boxed{7})}{\boxed{8}}$ である．

この p 通りの選び方の中において，S の各要素は必ず同数回ずつ選ばれている．この回数を x とすると $x=\dfrac{n(n-\boxed{9})}{\boxed{10}}$ である．

したがって，選ばれた 3 個の要素の和の，すべての選び方に対する平均は $\dfrac{\boxed{11}}{\boxed{12}}n+\boxed{13}\boxed{14}$ と表される．

(3) $n=4$ の場合，S の中から異なる 3 個の要素を選ぶとき，その 3 個の平均値が S に含まれる確率は，$\dfrac{\boxed{15}}{\boxed{16}}$ である．

（武庫川女子大学薬学部）

Let's Attack! 松井先生の解答・解説

(1) S の要素は，初項 11，末項 $3n+11$，項数 $n+1$ の等差数列であるから，その和を T とおくと，

$$T = \frac{(n+1)\{11+(3n+11)\}}{2}$$

$$= \frac{(n+1)(3n+22)}{2}$$

$$= \frac{(n+\boxed{1\ 1\ })(\boxed{2\ 3\ }n+\boxed{3\ \ }\boxed{4\ \ })}{\boxed{5\ \ }}$$

CHECK 等差数列の初項から第 n 項までの和 $S_n = \dfrac{n}{2}(a_1+a_n)$

(2) p は，$n+1$ 個から 3 個取る組合せの数に等しく，

$$p = {}_{n+1}C_3 = \frac{n(n-1)(n+1)}{6}$$

$$= \frac{n(n-\boxed{6\ \ })(n+\boxed{7\ \ })}{\boxed{8\ \ }}$$

CHECK ${}_nC_r = \dfrac{n!}{(n-r)!\,r!}$

また，このうち，特定の要素 $3k+11$ を含む 3 個の要素の組み合わせは，この特定の要素を除く残り n 個から 2 個を取る組合せの数であり，これが x の値に等しく

$$x = {}_nC_2 = \frac{n(n-1)}{2} = \frac{n(n-\boxed{9\ \ })}{\boxed{10\ \ }}$$

したがって，p 通りある 3 個の要素の和の合計は，各々の要素が x 回ずつ選ばれることに着目して，

$$11x + 14x + 17x + \cdots + (3n+11)x = xT$$

よって，求める平均は

$$\frac{xT}{p} = \frac{n(n-1)}{2} \cdot \frac{(n+1)(3n+11)}{2} \cdot \frac{6}{n(n-1)(n+1)}$$

$$= \frac{9}{2}n + 33 = \frac{\boxed{11}}{\boxed{12}}n + \boxed{13}\ \boxed{14}$$

(3) $n=4$ のとき，$S = \{11, 14, 17, 20, 23\}$ であるから

$$p = {}_5C_3 = 10 \text{ 通り}$$

具体化

このうち，3個の要素の平均が

14 となる組合せが (11, 14, 17) の 1 通り，

17 となる組合せが (11, 17, 23), (14, 17, 20) の 2 通り，

20 となる組合せが (17, 20, 23) の 1 通り。

よって，求める確率は $\dfrac{1+2+1}{10} = \dfrac{2}{5} = \dfrac{\boxed{15}}{\boxed{16}}$

問題 13 数学 I II A B 融合問題 でる順に攻める！ No.9

基本問題　期待値

2つのさいころを投げて，出た目の最大公約数を得点とするゲームを行う．得点が2となる確率は ア である．また，このゲームでの得点の期待値は イ である．

（神戸薬科大学薬学部）

Let's Attack! 松井先生の解答・解説

全事象は $6^2=36$ 通り。部分事象を考えると

得点（最大公約数）が2となる場合，2つとも出た目がともに偶数であるが，(4, 4), (6, 6) は除くからその確率は

$$P(X=2)=\frac{3^2-2}{6^2}=\frac{7}{36}=\boxed{ア}$$

また，得点が3（最大公約数）となる場合は

(3, 3), (3, 6), (6, 3)

の3通りだから，その確率は

$$P(X=3)=\frac{3}{6^2}$$

得点（最大公約数）が 4, 5, 6 である場合は，それぞれ1通りだから，それらの確率は

$$P(X=4)=\frac{1}{6^2},\ P(X=5)=\frac{1}{6^2},\ P(X=6)=\frac{1}{6^2}$$

得点（最大公約数）が1である場合は，余事象を考えると確率は

$$P(X=1)=1-\frac{7+3+1\times 3}{6^2}=\frac{23}{36}$$

よって，得点の期待値は

> **CHECK** 確率変数 X を最大公約数と考え，その確率を分散 P とする

$$\begin{aligned}E&=\sum_{k=1}^{6}kP(X=k)\\&=1\cdot\frac{23}{36}+2\cdot\frac{7}{6^2}+3\cdot\frac{3}{6^2}+(4+5+6)\cdot\frac{1}{6^2}\\&=\frac{61}{36}=\boxed{\text{イ}}\end{aligned}$$

問題 14 でる順に攻める！ 数学 I Ⅱ A B 融合問題

過去5カ年出題率 No.9

練習問題 　　　　　二項定理

$(x^2-2x+3)^5$ の展開式における x の係数は ア であり，x^3 の係数は イ である．

（名城大学薬学部）

Let's Attack! 松井先生の解答・解説

$(x^2-2x+3)^5$ の展開式の一般項

CHECK $(a+b+c)^5$ の展開式の一般項

$$\frac{n!}{p!q!r!}\cdot a^p b^q c^r \quad 但し，\begin{cases} p\geq 0,\ q\geq 0,\ r\geq 0 \\ p,\ q,\ r \text{は整数} \\ p+q+r=n \end{cases}$$

$$\frac{5!}{p!q!r!}\cdot(x^2)^p\cdot(-2x)^q\cdot 3^r = \frac{5!\cdot(-2)^q\cdot 3^r}{p!q!r!}x^{2p+q}$$

但し，$\begin{cases} p\geq 0,\ q\geq 0,\ r\geq 0 \\ p,\ q,\ r \text{は整数} \\ p+q+r=5 \quad \cdots ① \end{cases}$

(i) x の係数だから，$2p+q=1 \quad \cdots ②$

$\iff q=1-2p\geq 0 \iff 0\leq p\leq \dfrac{1}{2}$

（x の項1のみ）

p は整数だから $p=0$ 　②より $q=1$，①より $r=4$

よって，係数は $\dfrac{5!\cdot(-2)^1\cdot 3^4}{0!1!4!}=-810$ （＝ ア ）

(ii) x^3 の係数だから，$2p+q=3$ …②′

$\iff q=3-2p\geqq 0$

$\iff 0\leqq p\leqq \dfrac{3}{2}$

p は整数だから $p=0$，または $p=1$

②′より $p=0$ のとき，$q=3$，①より $r=2$

②′より $p=1$ のとき，$q=1$，①より $r=3$

よって，係数は

> x^3 の項は2項表れる

$\dfrac{5!\cdot(-2)^3\cdot 3^2}{0!3!2!}+\dfrac{5!\cdot(-2)^1\cdot 3^3}{1!1!3!}$

$=-720-1080$

$=-1800$ （＝ イ ）

国立大薬学部の対策編
数学III

第IV章

ここがでる!
[頻出問題の解き方]

第 Ⅳ 章 ここがでる！[頻出問題の解き方]

問題 1 数学Ⅲ ここがでる！

頻出問題の合格解答のカキカタ
合格がぐ〜んと近づく　記述

実戦問題①　分数関数，漸化式と極限

関数 $f(x)$ を $f(x) = \dfrac{3x^2}{2x^2+1}$ とする．

(1) $0<x<1$ ならば，$0<f(x)<1$ となることを示せ．

(2) $f(x) - x = 0$ となる x をすべて求めよ．

(3) $0<a<1$ とし，数列 $\{a_n\}$ を $a_1 = a$, $a_{n+1} = f(a_n)$ $(n = 1, 2, \cdots)$ とする．a の値に応じて，$\lim\limits_{n \to \infty} a_n$ を求めよ．

（北海道大学薬学部）

Mats: 分数関数 $f(x)$ の分子と分母が共に x の 2 次の整式だから変形しておこう！

Kana: $f(x) = \dfrac{3x^2}{2x^2+1} = \dfrac{3}{2} + \dfrac{-\dfrac{3}{2}}{2x^2+1} = \dfrac{3}{2}\left(1 - \dfrac{1}{2x^2+1}\right)$ ですね。そうか，そうすれば(1)で $0<x<1$ だから

$$1 < 2x^2 + 1 < 3$$

（両辺を 2 乗して，2 をかけて，1 を加えて…式を変形する）

$$\iff 0 < 1 - \dfrac{1}{2x^2+1} < \dfrac{2}{3}$$

$$\iff 0 < \dfrac{3}{2}\left(1 - \dfrac{1}{2x^2+1}\right) < 1$$

よって，$0 < f(x) < 1$

証明ができました。

Mats: その通り！続けて(2)へと進みましょう！

Kana: $f(x) - x = \dfrac{3x^2}{2x^2+1} - x = \dfrac{3x^2 - x(2x^2+1)}{2x^2+1}$

$$=\frac{-2x^3+3x^2-x}{2x^2+1}=\frac{-x(x-1)(2x-1)}{2x^2+1} \quad \cdots ①$$

ここで，$f(x)-x=0$ だから

$$x=0, \ x=\frac{1}{2}, \ x=1$$

ここまでは問題ないですね。さぁ，いよいよ本題です！カナさん。(1), (2)でわかったことを整理しよう！

はい。(1)から，定義域 $0<x<1$ において，関数 $y=f(x)$ は $0<y<1$ ということがわかります。

(2)からは，方程式 $f(x)-x=0$ の解が $x=0, \ x=\frac{1}{2}, \ x=1$

これは $y=f(x)=x$ と考えると，グラフの概形は下図のようになり，

$x=\frac{1}{2}$ のとき，$f\left(\frac{1}{2}\right)=\frac{1}{2}$

$0<x<\frac{1}{2}$ のとき，$0<f(x)<x$

$\frac{1}{2}<x<1$ のとき，$x<f(x)<1$

とわかります。

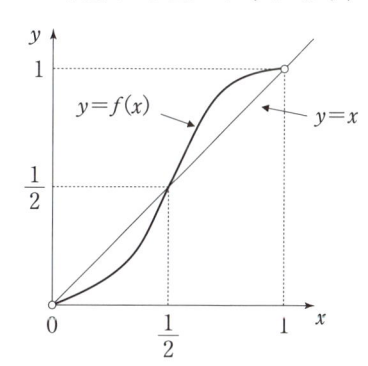

マクロ（巨視的）な理解は大切ですね。これをもとに，問題の題意に従って考えてみましょう！

数列 $\{a_n\}$：$a_1=\alpha \quad (0<\alpha<1)$

$$a_{n+1}=f(a_n)=\frac{3a_n^2}{2a_n^2+1} \quad (n=1, \ 2, \ \cdots)$$

(1)より，すべての n に対して，$0<a_n<1 \quad \cdots ②$

(ⅰ) $a_1=\alpha=\frac{1}{2}$ のとき，①およびグラフより

$$f(\alpha)=f(a_1)=\frac{3a_1{}^2}{2a_1{}^2+1} \iff f\left(\frac{1}{2}\right)=\frac{3\left(\frac{1}{2}\right)^2}{2\left(\frac{1}{2}\right)^2+1}=\frac{1}{2}$$

だからグラフからもわかるように，帰納的に考えて，すべての自然数 n に対して，$a_n=\dfrac{1}{2}$

よって，$\displaystyle\lim_{n\to\infty}a_n=\dfrac{1}{2}$

(ⅱ) $0<\alpha<\dfrac{1}{2}$ のとき，①およびグラフより

$0<x<\dfrac{1}{2}$ のとき，$0<f(x)<x$ となるから，　　　グラフからイメージ

$\dfrac{1}{2}>\alpha=a_1>a_2>\cdots>a_{n-1}>a_n>a_{n+1}>\cdots>0$

ここで，$0<f(x)<x \iff 0<\dfrac{f(x)}{x}<1$ だから $0<\dfrac{f(\alpha)}{\alpha}=\dfrac{a_2}{a_1}<1$

$\dfrac{a_2}{a_1}-\dfrac{a_{n+1}}{a_n}=\dfrac{f(\alpha)}{\alpha}-\dfrac{f(a_n)}{a_n}$

$\qquad=\dfrac{3\alpha}{2\alpha^2+1}-\dfrac{3a_n}{2a_n{}^2+1}=\dfrac{3(\alpha-a_n)(1-2\alpha a_n)}{(2\alpha^2+1)(2a_n{}^2+1)}\geqq0$

$\iff 0<\dfrac{a_{n+1}}{a_n}\leqq\dfrac{f(\alpha)}{\alpha}=\dfrac{a_2}{a_1}$

$\iff 0<a_{n+1}=a_n\cdot\dfrac{a_{n+1}}{a_n}\leqq\dfrac{f(\alpha)}{\alpha}a_n\leqq\left(\dfrac{f(\alpha)}{\alpha}\right)^2 a_{n-1}\leqq\cdots$

$\qquad\leqq\left(\dfrac{f(\alpha)}{\alpha}\right)^n a_1=\left(\dfrac{f(\alpha)}{\alpha}\right)^n \alpha$

$0<a_n\leqq\left(\dfrac{f(\alpha)}{\alpha}\right)^n \alpha$

ここで，$0<\dfrac{f(\alpha)}{\alpha}<1$ だから，$\displaystyle\lim_{n\to\infty}\left(\dfrac{f(\alpha)}{\alpha}\right)^n \alpha=0$

(ⅲ) $\dfrac{1}{2}<\alpha<1$ のとき，①およびグラフより

$x<f(x)<1$ となるから，

> グラフからイメージ

$$\frac{1}{2} < \alpha = a_1 < a_2 < \cdots < a_{n-1} < a_n < a_{n+1} < \cdots < 1$$

ここで，$x < f(x) < 1 \iff \dfrac{1-f(x)}{1-x} > 0$ だから $\dfrac{1-f(\alpha)}{1-\alpha} = \dfrac{1-a_2}{1-a_1}$

$$\frac{1-a_2}{1-a_1} - \frac{1-a_{n+1}}{1-a_n} = \frac{1-f(\alpha)}{1-\alpha} - \frac{1-f(a_n)}{1-a_n} = \frac{\alpha+1}{2\alpha^2+1} - \frac{a_n+1}{2a_n^2+1}$$

$$= \frac{(a_n-\alpha)\{(2\alpha-1)+2a_n(\alpha+1)\}}{(2\alpha^2+1)(2a_n^2+1)} \geq 0$$

$$\iff 0 < \frac{1-a_{n+1}}{1-a_n} \leq \frac{1-f(\alpha)}{1-\alpha} = \frac{1-a_2}{1-a_1}$$

$$\iff 0 \leq 1-a_{n+1} = (1-a_n) \cdot \frac{1-a_{n+1}}{1-a_n} \leq \frac{1-f(\alpha)}{1-\alpha}(1-a_n)$$

$$\leq \left(\frac{1-f(\alpha)}{1-\alpha}\right)^2 (1-a_{n-1}) \leq \cdots \leq \left(\frac{1-f(\alpha)}{1-\alpha}\right)^n (1-a_1)$$

$$= \left(\frac{1-f(\alpha)}{1-\alpha}\right)^n (1-\alpha)$$

$$0 \leq 1-a_n \leq \left(\frac{1-f(\alpha)}{1-\alpha}\right)^n (1-\alpha)$$

ここで，$0 < \dfrac{1-f(\alpha)}{1-\alpha} < 1$ だから，$\lim\limits_{n \to \infty}\left(\dfrac{f(\alpha)}{\alpha}\right)^n (1-\alpha) = 0$

はさみうちの原理より，$\lim\limits_{n \to \infty}(1-a_n) = 0 \iff \lim\limits_{n \to \infty} a_n = 1$

以上より，

$$\lim_{n \to \infty} a_n = \begin{cases} 0 & \left(0 < \alpha < \dfrac{1}{2}\right) \\ \dfrac{1}{2} & \left(\alpha = \dfrac{1}{2}\right) \\ 1 & \left(\dfrac{1}{2} < \alpha < 1\right) \end{cases}$$

🧑 Mats：グラフでマクロに理解しておいたので，場合分けもし易かったね。

👧 Kana：グラフでイメージしておいたので，ホント考えやすかったです。

第Ⅳ章 ここがでる！[頻出問題の解き方]

問題 2 数学Ⅲ ここがでる！
頻出問題の合格解答のカキカタ 合格がく～んと近づく 記述

実戦問題② 定積分で表された関数

n を 2 以上の自然数とする．平面上の $\triangle OA_1A_2$ は $\angle OA_2A_1 = 90°$，$OA_1 = 1$，$A_1A_2 = \dfrac{1}{\sqrt{n}}$ をみたすとする．A_2 から OA_1 へ垂線を下ろし，交点を A_3 とする．A_3 から OA_2 へ垂線を下ろし，交点を A_4 とする．以下同様に，$k = 4, 5, \cdots$ について，A_k から OA_{k-1} へ垂線を下ろし，交点を A_{k+1} として，順番に $A_5, A_6 \cdots$ を定める．$\vec{h_k} = \overrightarrow{A_kA_{k+1}}$ とおくとき，以下の問いに答えよ．

(1) $k = 1, 2, \cdots$ のとき，ベクトル $\vec{h_k}$ と $\vec{h_{k+1}}$ の内積 $\vec{h_k} \cdot \vec{h_{k+1}}$ を n と k で表せ．

(2) $S_n = \sum_{k=1}^{n} \vec{h_k} \cdot \vec{h_{k+1}}$ とおくとき，極限値 $\lim_{n \to \infty} S_n$ を求めよ．ここで，自然対数の底 e について，$e = \lim_{n \to \infty} \left(1 + \dfrac{1}{n}\right)^n$ であることを用いてもよい．

(東北大学薬学部)

問題文に従って具体的に図化しよう！

$\angle A_1OA_2 = \theta$ （$0° < \theta < 90°$）とすると，

$$\sin\theta = \dfrac{A_1A_2}{OA_1} = \dfrac{1}{\sqrt{n}}$$

$$\cos\theta = \sqrt{1 - \sin^2\theta} = \sqrt{1 - \dfrac{1}{n}}$$

ではカナさん，$\vec{h_k} = \overrightarrow{A_kA_{k+1}}$ とおくとき，

$\vec{h_k}$ と $\vec{h_{k+1}}$ の内積 $\vec{h_k} \cdot \vec{h_{k+1}}$ を考えてみましょう！

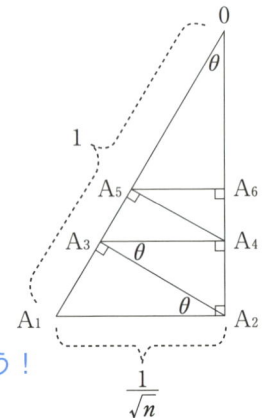

(1) 内積 $\vec{h_k} \cdot \vec{h_{k+1}}$ について考えていきます。

$$\vec{h_1} = \overrightarrow{A_1A_2}, \quad \vec{h_2} = \overrightarrow{A_2A_3}, \quad |\vec{h_1}| = |\overrightarrow{A_1A_2}| = \frac{1}{\sqrt{n}},$$

$$|\vec{h_2}| = |\overrightarrow{A_2A_3}| = |\vec{h_1}|\cos\theta = \frac{1}{\sqrt{n}} \cdot \sqrt{1 - \frac{1}{n}}$$

これを同様に繰り返すから，漸化式は $|\vec{h_{k+1}}| = |\vec{h_k}|\cos\theta$ となるから，

数列 $\{|\vec{h_k}|\}$ は，初項 $|\vec{h_1}| = \frac{1}{\sqrt{n}}$，公比 $\cos\theta = \sqrt{\frac{n-1}{n}}$ だから，

一般項 $|\vec{h_k}| = \frac{1}{\sqrt{n}}\left(\sqrt{\frac{n-1}{n}}\right)^{k-1}$ （$k \geq 1$，k は整数）と表すことができる。

内積 $\vec{h_k} \cdot \vec{h_{k+1}} = |\vec{h_k}||\vec{h_{k+1}}|\cos(180° - \theta)$

$= |\vec{h_k}||\vec{h_{k+1}}|(-\cos\theta)$

$= \frac{1}{\sqrt{n}}\left(\sqrt{\frac{n-1}{n}}\right)^{k-1} \cdot \frac{1}{\sqrt{n}}\left(\sqrt{\frac{n-1}{n}}\right)^{k} \cdot \left(-\sqrt{\frac{n-1}{n}}\right)$

$= -\frac{1}{n}\left(\frac{n-1}{n}\right)^{k}$ （$k \geq 1$，k は整数）

と表すことができます。

(2)は無限級数ですね。(1)で求めた一般項に注意して考えていきましょう！

$\lim_{n\to\infty} S_n = \lim_{n\to\infty}\sum_{k=1}^{n} \vec{h_k} \cdot \vec{h_{k+1}} = \lim_{n\to\infty}\sum_{k=1}^{n} -\frac{1}{n}\left(\frac{n-1}{n}\right)^{k}$ （等比数列）

$= \lim_{n\to\infty}\sum_{k=1}^{n} -\frac{n-1}{n^2}\left(\frac{n-1}{n}\right)^{k-1} = \lim_{n\to\infty} -\frac{n-1}{n^2} \cdot \frac{1 - \left(\frac{n-1}{n}\right)^n}{1 - \frac{n-1}{n}}$

$= \lim_{n\to\infty} -\frac{n-1}{n} \cdot \left\{1 - \left(\frac{n-1}{n}\right)^n\right\}$

公比 $\frac{n-1}{n}$ が実数ではなく自然数で表されている。

第 IV 章　ここがでる！［頻出問題の解き方］

$$\lim_{n\to\infty} S_n = \lim_{n\to\infty} -\left(1-\frac{1}{n}\right)\left\{1-\frac{1}{\left(1+\frac{1}{n-1}\right)\left(1+\frac{1}{n-1}\right)^{n-1}}\right\}$$

ここで，$\lim_{n\to\infty}\left(1+\frac{1}{n-1}\right)^{n-1}=e$ だから

注意！

$$\lim_{n\to\infty} S_n = -1\left(1-\frac{1}{e}\right)$$

$$=\frac{1}{e}-1$$

最後は，$e=\lim_{n\to\infty}\left(1+\frac{1}{n}\right)^n$ の利用ですっきりだね！

問題 3 ここがでる！ 数学Ⅲ

頻出問題の合格解答のカキカタ　合格がぐ〜んと近づく　記述

実戦問題③　空間ベクトルと図形，体積，三角関数の最大・最小

xyz 空間の点 $P(1, 0, 1)$ と，xy 平面上の円 $C: x^2+(y-2)^2=1$ に属する点 $Q(\cos\theta, 2+\sin\theta, 0)$ を考える．

> 交点 R とする

(1) 直線 PQ と平面 $z=t$ の交点の座標を (α, β, t) とするとき，$\alpha^2+\beta^2$ を t と θ で表せ．

(2) 線分 PQ を z 軸まわりに 1 回転させてできる曲面と平面 $z=0$，$z=1$ によって囲まれる立体の体積を θ で表せ．

(3) Q が C 上を一周するとき，(2)で求めた体積の最大値，最小値を求めよ．

（筑波大学医療科学群）

具体的に図化して理解しよう！

$R(\alpha, \beta, t)$ とする。

$$\overrightarrow{OR} = \overrightarrow{OQ} + \overrightarrow{QR} = \overrightarrow{OQ} + t\overrightarrow{QP} \iff$$

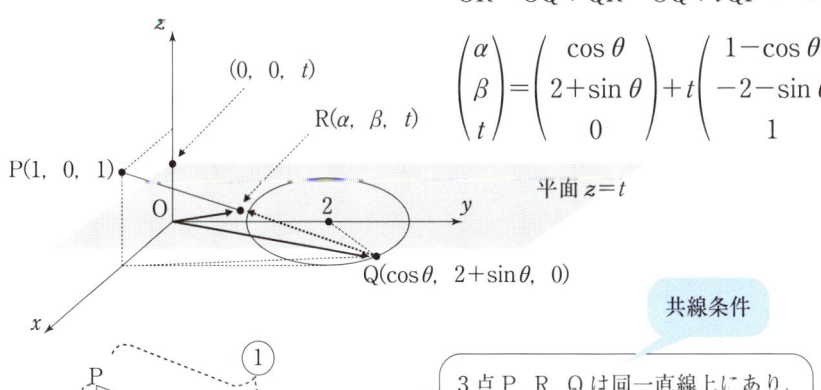

$$\begin{pmatrix} \alpha \\ \beta \\ t \end{pmatrix} = \begin{pmatrix} \cos\theta \\ 2+\sin\theta \\ 0 \end{pmatrix} + t \begin{pmatrix} 1-\cos\theta \\ -2-\sin\theta \\ 1 \end{pmatrix}$$

共線条件

3 点 P，R，Q は同一直線上にあり，QP : QR = 1 : t だから $\overrightarrow{QR} = t\overrightarrow{QP}$

$$\begin{cases} \alpha = \cos\theta + t(1-\cos\theta) \\ \beta = 2 + \sin\theta + t(-2-\sin\theta) \end{cases}$$

と表すことができるから，

$$\alpha^2 + \beta^2 = \{\cos\theta + t(1-\cos\theta)\}^2 + \{2+\sin\theta+t(-2-\sin\theta)\}^2$$

$$= (5+4\sin\theta) - 2(5+4\sin\theta - \cos\theta)t$$

$$+ 2(3+2\sin\theta - \cos\theta)t^2$$

> さらに(2)は線分 **PQ** と平面 $z=0$ と $z=1$ によって囲まれる立体の体積を考えよう！

(1)を参考にして，下図のように曲面を平面 $z=t$ ($0 \leq z \leq 1$) で切った断面 ds（塗潰し部分）について考えると，下図の ——— 線部分が半径 $\sqrt{\alpha^2+\beta^2}$ とすると，$S=\pi(\alpha^2+\beta^2)$ となる。これを $0 \leq t \leq 1$ で積分すると $V = \int_0^1 dv = \int_0^1 S\,dt = \int_0^1 \pi(\alpha^2+\beta^2)\,dt$

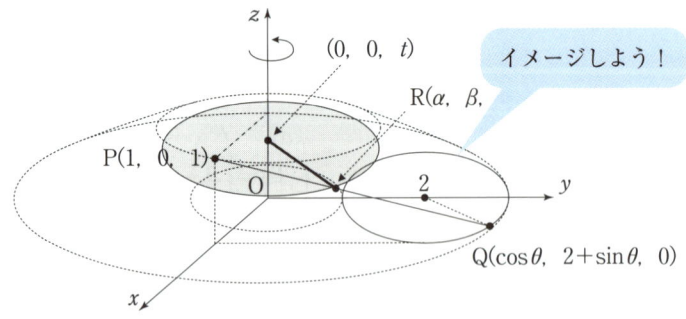

$$\frac{V}{\pi} = \int_0^1 \{(5+4\sin\theta) - 2(5+4\sin\theta - \cos\theta)t$$

$$+ 2(3+2\sin\theta - \cos\theta)t^2\}dt$$

$$= \left[(5+4\sin\theta)t - 2(5+4\sin\theta - \cos\theta)\frac{t^2}{2} \right.$$

$$\left. + 2(3+2\sin\theta - \cos\theta)\frac{t^3}{3} \right]_0^1$$

$$\frac{V}{\pi} = (5+4\sin\theta) - (5+4\sin\theta - \cos\theta) + \frac{2}{3}(3+2\sin\theta - \cos\theta)$$

$$\iff V = \left(2 + \frac{4}{3}\sin\theta + \frac{1}{3}\cos\theta\right)\pi$$

🧑 **Mats**: では，最後はカナさんお願いします。(2)で求めた体積の最大値と最小値です。

👧 **Kana**: 体積 V の式について，"$\frac{4}{3}\sin\theta + \frac{1}{3}\cos\theta$" を

"$a\sin\theta + b\cos\theta = r\sin(\theta + \alpha)$"，問題文の "Q が C 上を一周するとき" を "$0 \leqq \theta < 2\pi$" として考えます。

$$\frac{4}{3}\sin\theta + \frac{1}{3}\cos\theta$$

$$= \sqrt{\left(\frac{4}{3}\right)^2 + \left(\frac{1}{3}\right)^2}\left(\sin\theta \cdot \frac{\frac{4}{3}}{\sqrt{\left(\frac{4}{3}\right)^2 + \left(\frac{1}{3}\right)^2}} + \cos\theta \cdot \frac{\frac{1}{3}}{\sqrt{\left(\frac{4}{3}\right)^2 + \left(\frac{1}{3}\right)^2}}\right)$$

$$= \frac{\sqrt{17}}{3}\left(\sin\theta \cdot \frac{4}{\sqrt{17}} + \cos\theta \cdot \frac{1}{\sqrt{17}}\right) = \frac{\sqrt{17}}{3}\sin(\theta + \alpha)$$

ただし，$\sin\alpha = \frac{1}{\sqrt{17}}$, $\cos\alpha = \frac{4}{\sqrt{17}}$ $\left(0 < \alpha < \frac{\pi}{2}\right)$

ここで，$0 + \alpha \leqq \theta + \alpha < 2\pi + \alpha \iff -1 \leqq \sin(\theta + \alpha) \leqq 1$

$$\iff -\frac{\sqrt{17}}{3} \leqq \frac{\sqrt{17}}{3}\sin(\theta + \alpha) \leqq \frac{\sqrt{17}}{3}$$

$$\iff 2 - \frac{\sqrt{17}}{3} \leqq 2 + \frac{4}{3}\sin\theta + \frac{1}{3}\cos\theta \leqq 2 + \frac{\sqrt{17}}{3}$$

$$\iff \left(2 - \frac{\sqrt{17}}{3}\right)\pi \leqq \left(2 + \frac{4}{3}\sin\theta + \frac{1}{3}\cos\theta\right)\pi \leqq \left(2 + \frac{\sqrt{17}}{3}\right)\pi$$

$$\iff \frac{6 - \sqrt{17}}{3}\pi \leqq V \leqq \frac{6 + \sqrt{17}}{3}\pi$$

よって，$\begin{cases} \max\{V\} = \dfrac{6 + \sqrt{17}}{3}\pi \\ \min\{V\} = \dfrac{6 - \sqrt{17}}{3}\pi \end{cases}$

第 IV 章 ここがでる！[頻出問題の解き方]

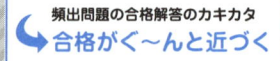

問題 4 ここがでる！ 数学 III

実戦問題④　接線，面積

関数 $y=\log|x|$ のグラフ G 上に動点 A, B があり，それぞれの x 座標を a, b とする．A における接線と B における接線が直交し，$a>0$ であるとき，以下の問いに答えよ．

(1) ab を求めよ．

(2) 線分 AB の中点の存在範囲を求めよ．

(3) 直線 AB が点 $(1, 0)$ を通り，$a \neq 1$ を満たすとき，直線 AB と G で囲まれる図形の面積を求めよ．

（千葉大学薬学部）

CHECK

$$y=f(x)=\log|x|=\begin{cases} \log x & (x>0) \\ \log(-x) & (x<0) \end{cases}$$

$x=0$ は漸近線 $\begin{cases} \lim_{x\to+0} f(x)=-\infty \\ \lim_{x\to-0} f(x)=-\infty \end{cases}$

曲線 G：$f(x)=\log|x|$ 上の接点の x 座標が $a\ (\neq 0)$, $b\ (\neq 0)$ における接線の傾きを m_a, m_b とすると，

$$m_a=f'(a)=\frac{1}{a},\quad m_b=f'(b)=\frac{1}{b}$$

（$f'(x)=\{\log|x|\}'=\dfrac{1}{x}$）

A における接線と B における接線が直交するから，

$$m_a \cdot m_b = \frac{1}{a} \cdot \frac{1}{b} = -1 \iff ab=-1$$

（2 直線の垂直条件）

ここで，$a>0$ であるから，$b<0$

これで，点 $A(a, \log a)$ は，曲線 $f(x) = \log x$ $(x > 0)$ 上，点 $B(b, \log(-b))$ は曲線 $f(x) = \log(-x)$ $(x > 0)$ 上にあることがわかるね。だから(1)の答えは $ab = -1$ ……答

続けて私が解きます。(2)は，線分 AB の中点の存在範囲だから(1)の考え方を用いると，点 $A(a, \log a)$，点 $B(b, \log(-b))$ だから中点 M とすると，

$$M\left(\frac{a+b}{2}, \frac{\log a + \log(-b)}{2}\right) = \left(\frac{a+b}{2}, \frac{\log(-ab)}{2}\right) = \left(\frac{a+b}{2}, \frac{\log 1}{2}\right)$$

$\iff M\left(\frac{a+b}{2}, 0\right)$ M は x 軸上にある

ここで(1)より，$b = -\dfrac{1}{a}$ だから

$$M\left(\frac{1}{2}\left(a - \frac{1}{a}\right), 0\right) \quad (a > 0)$$

ここで，$x = \dfrac{1}{2}\left(a - \dfrac{1}{a}\right)$ $(a > 0)$ とすると，$\dfrac{dx}{da} = \dfrac{1}{2}\left(1 + \dfrac{1}{a^2}\right) > 0$ だから，x は $a > 0$ で連続で単調増加し，$\lim_{a \to +0} x = -\infty$, $\lim_{a \to +\infty} x = +\infty$

よって，$-\infty < x < +\infty$ (x は全ての実数 $\iff$ x 軸全体) ……答

カナさん，『いいネ！』ですね。中点の x 座標を a の関数と考えて，増減，漸近線近傍，右側極限をチェックするのは必須ですね！

(3)では，直線 AB が点 $(1, 0)$ を通り，$a \neq 1$ を満たすときだから(2)から，点 $(1, 0)$ は線分 AB の中点 $\dfrac{1}{2}\left(a - \dfrac{1}{a}\right) = 1$, $a > 1$

だから，$a = 1 + \sqrt{2}$

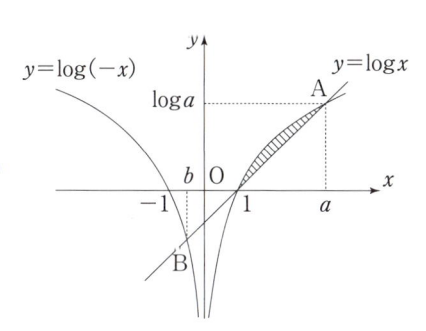

第 IV 章　ここがでる！[頻出問題の解き方]

Kana: あっ，これで直線 AB と G で囲まれる図形の面積を S とすると，

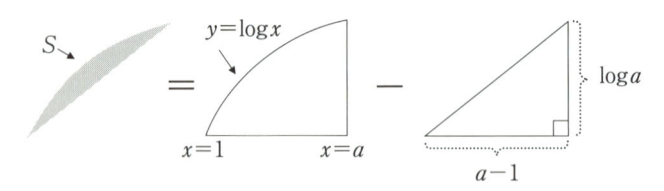

$$S = \int_1^a \log x - \frac{(a-1)\log a}{2}$$

$$= \left[x \log x - x \right]_1^a - \frac{(a-1)\log a}{2}$$

$$= a \log a - a + 1 - \frac{(a-1)\log a}{2}$$

$$= \frac{(2+\sqrt{2})\log(1+\sqrt{2})}{2} - a + 1$$

$$= \frac{(2+\sqrt{2})\log(1+\sqrt{2})}{2} - 1 - \sqrt{2} + 1$$

$$= \frac{(2+\sqrt{2})\log(1+\sqrt{2})}{2} - \sqrt{2} \quad \cdots\cdots \boxed{答}$$

問題 5 ここがでる！ 数学III 曲線の接線，面積

実戦問題⑤

xy 平面の曲線 $C: x = \dfrac{\cos t}{1-\sin t},\ y = \dfrac{\sin t}{1-\cos t}\ \left(0 < t < \dfrac{\pi}{2}\right)$ について，次の問いに答えよ．

(1) 曲線 C 上の $t = \theta$ に対応する点 $\mathrm{P}\left(\dfrac{\cos\theta}{1-\sin\theta},\ \dfrac{\sin\theta}{1-\cos\theta}\right)$ における C の接線 l の方程式を求めよ．

(2) $a = \sin\theta + \cos\theta$ とおく．点 $\mathrm{P}\left(\dfrac{\cos\theta}{1-\sin\theta},\ \dfrac{\sin\theta}{1-\cos\theta}\right)$ における C の接線 l と x 軸，y 軸で囲まれた三角形の面積 S を a の式で表せ．

(3) $0 < \theta < \dfrac{\pi}{2}$ のとき，(2)で求めた面積 S の値の範囲を求めよ．

（岡山大学薬学部）

CHECK 曲線 $y = f(x)$ の接点 $(t,\ f(t))$ における接線方程式

$$l: y - f(t) = f'(t)(x-t),\quad f'(t) = 0\ \text{のとき}\ y = f(t)$$

この問題は設問に従って解いていきますが，x，y ともに t で微分しておこう！

$$\dfrac{dx}{dt} = \dfrac{-\sin t \cdot (1-\sin t) + \cos^2 t}{(1-\sin t)^2} = \dfrac{1}{1-\sin t}$$

$$\dfrac{dy}{dt} = \dfrac{\cos t \cdot (1-\cos t) + \sin^2 t}{(1-\cos t)^2} = -\dfrac{1}{1-\cos t}$$

$$\dfrac{dy}{dx} = \dfrac{dy}{dt} \cdot \dfrac{dt}{dx} = -\dfrac{1-\sin t}{1-\cos t}$$

以上より，(1) $t = \theta$ に対応する点 $\mathrm{P}\left(\dfrac{\cos\theta}{1-\sin\theta},\ \dfrac{\sin\theta}{1-\cos\theta}\right)$ における

第 IV 章　ここがでる！〔頻出問題の解き方〕

C の接線の傾きは $\dfrac{dy}{dx}\bigg|_{t=\theta} = \dfrac{dy}{dt} \cdot \dfrac{dt}{dx} = -\dfrac{1-\sin\theta}{1-\cos\theta}$

以上より，C の接線 l の方程式は，

$$y - \left(\dfrac{\sin\theta}{1-\cos\theta}\right) = -\dfrac{1-\sin\theta}{1-\cos\theta}\left(x - \dfrac{\cos\theta}{1-\sin\theta}\right)$$

$$\iff y = -\dfrac{1-\sin\theta}{1-\cos\theta}x + \dfrac{\sin\theta+\cos\theta}{1-\cos\theta} \quad \cdots\cdots\text{答}$$

接線の方程式は，基本に忠実に解けば大丈夫ですね。(2)は(1)の結果を用いて x 切片 A は，$y=0$ のときだから，

$$0 = -\dfrac{1-\sin\theta}{1-\cos\theta}x + \dfrac{\sin\theta+\cos\theta}{1-\cos\theta} \iff x = \dfrac{\sin\theta+\cos\theta}{1-\sin\theta}$$

$\alpha = \sin\theta + \cos\theta$ とおくから，x 切片の座標は $A\left(\dfrac{\alpha}{1-\sin\theta},\ 0\right)$

また，y 切片を B として，$x=0$ のときだから　$y = \dfrac{\sin\theta+\cos\theta}{1-\cos\theta}$

同じく，$\alpha = \sin\theta + \cos\theta$ とおくから，y 切片の座標は，

$B\left(0,\ \dfrac{\alpha}{1-\cos\theta}\right)$

C の接線 l と x 軸，y 軸で囲まれた三角形の面積

$S = \dfrac{1}{2} \cdot \dfrac{\alpha}{1-\sin\theta} \cdot \dfrac{\alpha}{1-\cos\theta}$

$= \dfrac{1}{2} \cdot \dfrac{\alpha^2}{1-(\sin\theta+\cos\theta)+\sin\theta\cos\theta}$

ここで，$\alpha^2 = (\sin\theta + \cos\theta)^2$

$\iff \alpha^2 = \sin^2\theta + \cos^2\theta + 2\sin\theta\cos\theta$

$\iff \alpha^2 = 1 + 2\sin\theta\cos\theta$

$\iff \sin\theta\cos\theta = \dfrac{\alpha^2-1}{2}$

$S = \dfrac{1}{2} \cdot \dfrac{\alpha^2}{1-\alpha+\dfrac{\alpha^2-1}{2}} = \left(\dfrac{\alpha}{\alpha-1}\right)^2 \quad \cdots\cdots\text{答}$

定石的な解法なので解き易いですね。さてラストの(3)です。

(2)の考え方を用いると，

$\alpha = \sin\theta + \cos\theta$ のとき，

$S = \left(\dfrac{\alpha}{1-\alpha}\right)^2$ だから

ここで，$\alpha = \sin\theta + \cos\theta$

$= \sqrt{2}\left(\sin\theta \cdot \dfrac{1}{\sqrt{2}} + \cos\theta \cdot \dfrac{1}{\sqrt{2}}\right)$

$= \sqrt{2}\sin\left(\theta + \dfrac{\pi}{4}\right)$

$0 < \theta < \dfrac{\pi}{2} \iff 0 + \dfrac{\pi}{4} < \theta + \dfrac{\pi}{4} < \dfrac{\pi}{2} + \dfrac{\pi}{4}$

$\iff \dfrac{\pi}{4} < \theta + \dfrac{\pi}{4} < \dfrac{3\pi}{4}$

だから，$\dfrac{1}{\sqrt{2}} < \sin\left(\theta + \dfrac{\pi}{4}\right) \leq 1 \iff 1 < \sqrt{2}\sin\left(\theta + \dfrac{\pi}{4}\right) \leq \sqrt{2}$

$\iff 1 < \alpha \leq \sqrt{2} \iff 1 - 1 < \alpha - 1 \leq \sqrt{2} - 1$

$\iff \dfrac{1}{\alpha - 1} \geq \dfrac{1}{\sqrt{2} - 1}$

$\iff \left(\dfrac{\alpha}{\alpha - 1}\right)^2 \geq \left(\dfrac{\sqrt{2}}{\sqrt{2} - 1}\right)^2$

$\iff S \geq \left(\dfrac{\sqrt{2}}{\sqrt{2} - 1}\right)^2 = (2 + \sqrt{2})^2$ ……答

第IV章 ここがでる！[頻出問題の解き方]

問題 6 数学III ここがでる！

頻出問題の合格解答のカキカタ **合格がぐ〜んと近づく** 記述

実戦問題⑥ 微分法の不等式への応用，区分求積法，数列の極限

次の問いについて答えよ．ただし，n は自然数を表す．

(1) $0 \leq x \leq 1$ を満たす実数に対して，不等式 $\dfrac{x}{n+1} \leq \log\left(1+\dfrac{x}{n}\right) \leq \dfrac{x}{n}$ が成り立つことを示せ．ただし，対数は自然対数とする．

(2) 次の値を求めよ．$\displaystyle\lim_{n\to\infty} \dfrac{1}{n} \sum_{k=1}^{n} \left(\dfrac{k}{n}\right)^5$

(3) 数列 $\{a_n\}$ を $a_n = \left(1+\dfrac{1^5}{n^6}\right)\left(1+\dfrac{2^5}{n^6}\right)\cdots\cdots\left(1+\dfrac{n^5}{n^6}\right)$ で定めるとき，極限値 $\displaystyle\lim_{n\to\infty} a_n$ を求めよ．

（広島大学薬学部）

では，設問ごとに見ていきましょう！

(1) 命題「$0 \leq x \leq 1 \Longrightarrow$ 不等式 $\dfrac{x}{n+1} \leq \log\left(1+\dfrac{x}{n}\right) \leq \dfrac{x}{n}$」

が成り立つことを示しましょう．

あれ？命題の結論部を式変形すると，

$$\dfrac{x}{n+1} \leq \log\left(1+\dfrac{x}{n}\right) \leq \dfrac{x}{n} \iff \dfrac{x}{n+1} \leq \log(n+x) - \log n \leq \dfrac{x}{n}$$

両辺を x（≥ 0）で割ると，

$$\dfrac{1}{n+1} \leq \dfrac{\log(n+x) - \log n}{x} \leq \dfrac{1}{n}$$

$$\iff \dfrac{1}{n+1} \leq \dfrac{\log(n+x) - \log n}{(n+x) - n} \leq \dfrac{1}{n}$$

となるか，命題を次のように考えます．

命題「$0 \leq x \leq 1 \Longrightarrow$ 不等式 $\dfrac{1}{n+1} \leq \dfrac{\log(n+x) - \log n}{(n+x) - n} \leq \dfrac{1}{n}$」

Mats: これは平均値の定理で証明できますね！

関数 $y=f(x)=\log x$ は，$(n, n+x)$ で微分可能，$[n, n+x]$ で連続だから $\dfrac{\log(n+x)-\log n}{(n+x)-n}=\dfrac{1}{c}$ …① を満たす実数 c が

$n<c<n+x\leqq n+1$ …② に少なくとも一つは存在する。

② より，$\dfrac{1}{n}>\dfrac{1}{c}>\dfrac{1}{n+x}\geqq\dfrac{1}{n+1} \Longrightarrow \dfrac{1}{n}>\dfrac{1}{c}>\dfrac{1}{n+1}$

① に代入すると，

$$\dfrac{1}{n}>\dfrac{\log(n+x)-\log n}{(n+x)-n}>\dfrac{1}{n+1}$$

これでスマートに証明できましたね。いきなり大小関係を示す証明ではなく，命題にして結論部分を読解するといいですね。では，カナさん(2)に移りましょう。

Kana: (2)は区分求積法ですね。

> **CHECK** $\displaystyle\lim_{n\to\infty}\dfrac{1}{n}\sum_{k=0}^{n-1}f\left(\dfrac{k}{n}\right)=\lim_{n\to\infty}\dfrac{1}{n}\sum_{k=1}^{n}f\left(\dfrac{k}{n}\right)=\int_0^1 f(x)dx$

$$\lim_{n\to\infty}\dfrac{1}{n}\sum_{k=1}^{n}\left(\dfrac{k}{n}\right)^5=\int_0^1 x^5\,dx=\left[\dfrac{x^6}{6}\right]_0^1=\dfrac{1}{6}$$

これはスッキリできました。

(3)は，(1)，(2)を踏襲して考えていくパターンですね。(1)より

$\dfrac{x}{n+1}\leqq\log\left(1+\dfrac{x}{n}\right)\leqq\dfrac{x}{n}$ において $x=\left(\dfrac{k}{n}\right)^5$ $(1\leqq k\leqq n)$ とおくと，

$\dfrac{1}{n+1}\left(\dfrac{k}{n}\right)^5\leqq\log\left(1+\dfrac{k^5}{n^6}\right)\leqq\dfrac{1}{n}\left(\dfrac{k}{n}\right)^5$ $1\leqq k\leqq n$ における各辺の和をとると

$$\dfrac{1}{n+1}\sum_{k=1}^{n}\left(\dfrac{k}{n}\right)^5\leqq\sum_{k=1}^{n}\log\left(1+\dfrac{k^5}{n^6}\right)\leqq\dfrac{1}{n}\sum_{k=1}^{n}\left(\dfrac{k}{n}\right)^5$$

ここで，(2)より $\displaystyle\lim_{n\to\infty}\frac{1}{n}\sum_{k=1}^{n}\left(\frac{k}{n}\right)^5=\frac{1}{6}$

また，$\displaystyle\lim_{n\to\infty}\frac{1}{n+1}\sum_{k=1}^{n}\left(\frac{k}{n}\right)^5=\lim_{n\to\infty}\frac{n}{n+1}\cdot\lim_{n\to\infty}\frac{1}{n}\sum_{k=1}^{n}\left(\frac{k}{n}\right)^5=\frac{1}{6}$

はさみうちの原理より，$\displaystyle\lim_{n\to\infty}\sum_{k=1}^{n}\log\left(1+\frac{k^5}{n^6}\right)=\frac{1}{6}$

$a_n=\left(1+\dfrac{1^5}{n^6}\right)\left(1+\dfrac{2^5}{n^6}\right)\cdots\cdots\left(1+\dfrac{n^5}{n^6}\right)>0$ より，自然対数をとると

$\log a_n=\log\left(1+\dfrac{1^5}{n^6}\right)\left(1+\dfrac{2^5}{n^6}\right)\cdots\cdots\left(1+\dfrac{n^5}{n^6}\right)$

$=\log\left(1+\dfrac{1^5}{n^6}\right)+\log\left(1+\dfrac{2^5}{n^6}\right)+\cdots\cdots+\log\left(1+\dfrac{n^5}{n^6}\right)$

$=\displaystyle\sum_{k=1}^{n}\log\left(1+\dfrac{k^5}{n^6}\right)$

$\displaystyle\lim_{n\to\infty}\log a_n=\lim_{n\to\infty}\sum_{k=1}^{n}\log\left(1+\frac{k^5}{n^6}\right)=\frac{1}{6}$

$\iff \log(\displaystyle\lim_{n\to\infty}a_n)=\frac{1}{6}$

$\iff \displaystyle\lim_{n\to\infty}a_n=e^{\frac{1}{6}}=\sqrt[6]{e}$

この問題は『平均値の定理』，『はさみうちの原理』，そして『区分求積法』がポイントだったね。

問題7 ここがでる！ 数学III

頻出問題の合格解答のカキカタ
合格がぐ〜んと近づく 記述

実戦問題⑦ 関数の増減・凹凸，逆関数，数列の極限

$f(x) = \dfrac{e^x}{e^x+1}$ とおく．ただし，e は自然対数の底とする．このとき，次の問いに答えよ．

(1) $y = f(x)$ の増減，凹凸，漸近線を調べ，グラフをかけ．

(2) $f(x)$ の逆関数 $f^{-1}(x)$ を求めよ．

(3) $\displaystyle\lim_{n\to\infty} n\left\{f^{-1}\!\left(\dfrac{1}{n+2}\right) - f^{-1}\!\left(\dfrac{1}{n+1}\right)\right\}$ を求めよ．

（九州大学薬学部）

Mats：" 次の問いに答えよ " とありますので，設問に従って解いていきましょう！

Kana：はい，私が解いてみます。

その前に，関数 $f(x) = \dfrac{e^x}{e^x+1}$ について

定義域 $-\infty < x < \infty$，$f(-x) \neq f(x)$ だから y 軸対称でもなく，**CHECK**

$f(-x) \neq -f(x)$ だから原点対称でもない． **CHECK**

(1) $y = f(x)$ の増減について

$$f'(x) = \dfrac{e^x \cdot (e^x+1) - e^x \cdot e^x}{(e^x+1)^2} = \dfrac{e^x}{(e^x+1)^2} > 0$$

だから，$f(x)$ は単調増加

$y = f(x)$ の凹凸について

$$f''(x) = \dfrac{e^x(e^x+1) - e^x \cdot 2(e^x+1)e^x}{(e^x+1)^4} = \dfrac{e^x(1-e^x)}{(e^x+1)^3}$$

だから，$f(x)$ は $x \leq 0$ で下に凸，$x \geq 0$ で上に凸

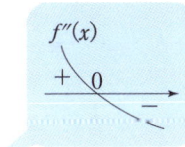

増減表をまとめてみると右表のようになる。

また左側と右側の極限を考えると，

$$\lim_{x \to +\infty} f(x) = \lim_{x \to +\infty} \frac{e^x}{e^x+1}$$

$$= \lim_{x \to +\infty} \frac{1}{1+\dfrac{1}{e^x}} = 1$$

x	$\cdots$	0	$\cdots$
f'	$+$	$+$	$+$
f''	$+$	0	$-$
$f(x)$	↗	$\dfrac{1}{2}$	↗

$$\lim_{x \to -\infty} f(x) = \lim_{t \to +\infty} \frac{e^{-t}}{e^{-t}+1} = 0$$

（CHECK　$x=-t$ とする）

漸近線は $y=0$，$y=1$

以上より，$y=f(x)$ のグラフは右のようになる。

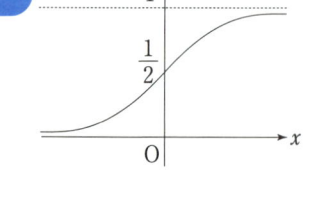

"定義域"，"対称性"，"増減と極値"，"凹凸と変曲点"，"左右側極限" のチェックがしっかりできていますね！続けて(2)へいきましょう！

(1)より，$y=f(x)=\dfrac{e^x}{e^x+1}$　$-\infty < x < \infty$，$0 < y < 1$　（CHECK）

だから，$f(x)$ の逆関数 $f^{-1}(x)$ は x と y を入れかえて，y について解くと

$$x = \frac{e^y}{e^y+1} \quad (-\infty < y < \infty, \ 0 < x < 1)$$ （CHECK）

$$\iff (e^y+1)x = e^y$$

$$\iff (1-x)e^y = x$$

$$\iff e^y = \frac{x}{1-x} > 0$$

よって，逆関数 $f^{-1}(x) = \log \dfrac{x}{1-x}$　$(0 < x < 1, \ -\infty < y < \infty)$

(1)で定義域と値域をチェックとしておけば，逆関数の算出のとき，見落すことはないですね。(3)は(1)，(2)の結果を踏まえて考えましょう！

(2)より，$f^{-1}\left(\dfrac{1}{n+2}\right)=\log\dfrac{\dfrac{1}{n+2}}{1-\dfrac{1}{n+2}}=\log\dfrac{1}{n+1}$

$$f^{-1}\left(\dfrac{1}{n+1}\right)=\log\dfrac{\dfrac{1}{n+1}}{1-\dfrac{1}{n+1}}=\log\dfrac{1}{n}$$

だから，$\displaystyle\lim_{n\to\infty}n\left\{f^{-1}\left(\dfrac{1}{n+2}\right)-f^{-1}\left(\dfrac{1}{n+1}\right)\right\}$

$=\displaystyle\lim_{n\to\infty}n\left\{\log\dfrac{1}{n+1}-\log\dfrac{1}{n}\right\}$

$=\displaystyle\lim_{n\to\infty}n\left(\log\dfrac{\dfrac{1}{n+1}}{\dfrac{1}{n}}\right)$

$=\displaystyle\lim_{n\to\infty}n\left(\log\dfrac{n}{n+1}\right)$

$=\displaystyle\lim_{n\to\infty}n\log\left(\dfrac{n+1}{n}\right)^{-1}$

$=\displaystyle\lim_{n\to\infty}\left(-n\log\dfrac{n+1}{n}\right)$

$=\displaystyle\lim_{n\to\infty}\left\{-\log\left(1+\dfrac{1}{n}\right)^n\right\}$

$=-\log e$

$=-1$

> $\displaystyle\lim_{n\to\infty}\left(1+\dfrac{1}{n}\right)^n=e$

MEMO

薬学部の数学
でる順＝解くナビ！

著　者	松井伸容　ⓒ
発行者	武村哲司
印　刷	萩原印刷株式会社

発　行　株式会社　開　拓　社
　　　　〒113-0023　東京都文京区向丘1丁目5番2号
　　　　電話〈営業〉(03) 5842-8900　〈編集〉(03) 5842-8902
　　　　振替口座　00160-8-39587
　　　　http://www.kaitakusha.co.jp

装　丁　宮嶋章文

ISBN978-4-7589-3452-7 C7341

JCOPY 〈(社)出版者著作権管理機構　委託出版物〉
本書の無断複写は，著作権法上での例外を除き禁じられています．複写される場合は，そのつど事前に，(社)出版者著作権管理機構（電話 03-3513-6969，FAX 03-3513-6979，e-mail：info@jcopy.or.jp）の許諾を得てください．